U0382100

羌族

服饰文化图志

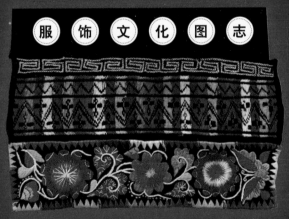

孟燕 等 [著]

图书在版编目(CIP)数据

羌族服饰文化图志/孟燕等著. —北京:中国社会科学出版社,2014.12
ISBN 978 - 7 - 5161 - 4813 - 6

Ⅰ.①羌… Ⅱ.①孟… Ⅲ.①羌族—民族服饰—服饰文化—中国—图集
Ⅳ.①TS941.742.874 - 64

中国版本图书馆 CIP 数据核字(2014)第 215907 号

出 版 人	赵剑英
责任编辑	武 云
特约编辑	段 琳
责任校对	夏 宁
责任印制	王 超

出 版	中国社会科学出版社
社 址	北京鼓楼西大街甲 158 号 (邮编 100720)
网 址	http://www.csspw.cn
	中文域名:中国社科网 010 - 64070619
发 行 部	010 - 84083685
门 市 部	010 - 84029450
经 销	新华书店及其他书店

印刷装订	北京君升印刷有限公司
版 次	2014 年 12 月第 1 版
印 次	2014 年 12 月第 1 次印刷

开 本	710×1000 1/16
印 张	21
字 数	238 千字
定 价	128.00 元

编委会

霓　裳

中国民协分党组书记
驻会副主席、秘书长　罗杨

中国素有"衣冠王国，礼仪之都"之美誉。中国的服饰艺术不仅在"量体裁衣"中巧妙地表现了人体美，也在"轻裘缓带"的意境里创造了一个超越形体的精神空间。《易经·系辞》中曾记录："黄帝尧舜垂衣裳而天下治"，中国服饰保留着伦理中道德的体统；《诗经·秦风》里曾吟咏："岂曰无衣，与子同袍"，中国服饰象征着情感上温馨的牵连。中国服饰记述着中华民族发展的历史密码，蕴含着深厚的文化寓意，彰显着中华民族的风尚和习俗，既联结起人民的信仰，也昭示着民族的未来。

羌族被誉为生活在"云朵里的民族"，羌族的服饰就像是一片片彩虹在云朵里流动，绚烂惹人。"画罗织扇总如云，细草如泥簇蝶裙。"特色鲜明的羌族服饰如同一道醒目的文化符号，一目了然地令人区别出羌民族独具的民族气质与感性的文化时空边界。它们是羌族动人的视觉标识和文化象征，充满着神秘色彩与灵奇的传说。

羌族是古老的民族，早在殷商的甲骨文中就有关于羌人的记载。羌族人民有自己的语言，属汉藏语系藏缅语族。羌族独特的民族服饰与羌族聚居地的自然条件相伴而生，与羌族人民生产及生活条件密切关联。古代的羌族服饰以"披毡"最具特色。《后汉书·西羌传》中曾记载，两汉时期的甘青羌人"女披大华毡的为盛饰"，这也许是有关羌人服饰的最早记述。

在漫长的历史变迁中，羌族服饰在不断发展变化，受羌族人文背景、传统观念、意识形态、社会风俗等各方面因素影响，羌族服饰有着鲜明的时代风尚和地域、民族特征。道光时期，《茂州志》中记载："其服饰，男毡帽，女编发，以布缠头，冬夏皆衣毡。"

近代羌族服饰基本承袭了古时的袍服之制，服饰面料则仍以皮裘、毛、麻织品为主。进入20世纪后，羌族服饰在继承传统的基础上不断得到丰富发展。在羌族地区男女皆喜穿自织的白色麻布长衫，其形似旗袍，男过膝盖，女则袭脚背，妇女的衣服多绣有鲜艳的花边，围腰上则绣满了各种精美的图案。无论男女，都要在长衫外套一件牛皮背心，俗称"皮褂褂"，晴天毛向内，雨天毛向外以防雨。羌族男女的头部都缠青色和白色的头帕。妇女与男子在服装上最不同的地方主要体现在妇女的领边、袖口、腰带和鞋子上常挑有圆围纹、三角纹等几何花纹图案，衣领上镶有一排小颗梅花形图案银饰。在腰间，妇女佩银质针线盒一个，男子则佩银质烟盒。

如果你走进羌寨，羌族服饰总会成为一道美丽的风景，让你眼花缭乱、目不暇接。"一学剪，二学裁，三学挑花绣布鞋"，几乎每一位羌族妇女从小都生活在这个艺术天地里，以她们纯朴的天性和聪慧的巧思成为这衣香鬓影最核心的创造者和展示者。其中，羌绣仍是一种活态的、具有灵性的手工艺，羌绣上面那些表现着原生态的质朴图案以及那些传承了千年的图画样式，着实令人拍案称奇，加之羌族妇女别出心裁的创意，常会使职业设计师目瞪口呆，电影大师叶锦添也曾参悟绣片，从中吸取创造的灵感。

"罗衣何飘摇，轻裾随风还。顾盼遗光彩，长啸气若兰。"骁勇善战的羌族，正是以服饰这种独特的书写方式，把民族的历史、文化记忆、创世的神话以及对未来的憧憬，以艺术的方式投射在精美的羌绣上，发布在与身相随的服饰上。羌绣就如同羌人在刀光剑影中开出的温柔的生活花朵，装点着羌族人的美好生活。无论男女老少皆喜欢穿戴羌绣制品，尤其是妇女从头到脚都被羌绣装扮，羌绣多以粗布、棉线缀成黑底白纹，再绣上各种图案。颜色对比强烈，却十分和谐。其中挑花和刺绣，是羌族妇女的拿手好戏，有着重要的遗产价值和审美价值。它们不仅是遮风蔽体、防寒御暖的日用装备，还是承载着羌民族历史、文化、风尚、习俗等诸多蕴含的流动博物馆，它们既是了解羌民族的百科全书，也是洞悉羌族历史发展的"活化石"。

随着社会的发展和羌族人民生活方式的改变，历史悠久的羌族服饰也在悄然发生着变化。随着新工艺的传入，很多精湛的羌族服饰技艺正面临失传；随着生存条件的改进，很多羌族人的穿戴在渐被同化。正是在这样一个整个世界越来越被同质化的时代，民族特色鲜明的羌族服饰却以其璀璨的光华吸引了来自当代世界越来越多的目光。我们尚未来得及对羌族服饰所隐藏的文化信息做出全面解读，就已经面临很多与服饰相关的文化信息悄然逝去的现状。这不能不引起民间文艺工作者对羌族服饰文化多元化的关注，不能不唤起有识之士保护、抢救、传承羌族服饰的责任感和使命感。

古代史籍中关于羌族服饰的记载极为少见，今天羌族服饰又面临着被同化和异化的趋势。因此，从文化的视角对羌族的服饰进行抢救性普查和收集，从文化遗产的角度对羌族的服饰进行探究和梳理，揭开神话传说的历史烙印，展示图腾崇拜的人文因子，解析宗教信仰的心灵密匙，描绘绮丽多姿的审美特色，从而将隐藏在羌族服饰中的文化密码次第揭开，把投射在羌族服饰上的历史印记真实地记录下来，完整全面地保留起来，原封不动地传承下去，已成为刻不容缓、时不我待的紧迫课题。

作为《中国服饰文化集成》的一部分，《羌族服饰文化图志》

一书从文化人类学的视角,向我们展开了羌族人民生机勃勃的日常生活,瑰丽多姿的民族文化,丰富多彩的民族服饰。打开这本书,仿佛穿越回了那个素锦华袍、乌鬓缀花的年代……那些美丽的羌族衣裳,带着真实生活的温度从生动的图画与翔实的文字中向我们翩翩走来,如同一簇簇娇艳的花朵,向我们展示着历史的洪流中那一份不散的自然与春色。在人们追求品牌,服装款式不断翻新,高度淘汰的今天,这山谷里不变的云衣,就变成了一种软性的力量,变成了一条文化与记忆的线索,变成了一种眷恋和哲思的图腾,变成了一种温存与质朴的德性,更加值得玩味与珍存。

响应山水，鸣唱自然的羌族服饰

阿坝州委副书记　谷运龙（羌族）

　　在岷山深处，沿岷江和涪江流域，繁衍生活着一个古老而坚不可摧的民族——羌族。他们自称"尔玛"、"日玛"或"日麦"，主要分布在四川省阿坝藏族羌族自治州的茂县、汶川、理县、松潘、黑水等县以及绵阳市的北川羌族自治县，其余散居于四川省绵阳市的平武县、甘孜藏族自治州的丹巴县、成都市的邛崃市以及贵州省铜仁地区的江口县和石阡县。

　　他们不仅为中华民族的早期文明做出了不可磨灭的卓越贡献，而且还在自身不断抗争、不断迁徙的历史嬗变中创造了独树一帜的鲜活文化，成为一种地域的标识、山水的响应、天地的色彩和心灵的鸣唱。

　　文明的走向总是按照河流的行进方向发展，在构成文明的诸多要素中，唯有服饰难以超越地域的自然状况，并在自然地貌的严格规定和影响下服从于生产方式、生活方式。

　　羌族服饰文化是羌族民族文化的重要组成部分，又是其历史发展和社会时尚嬗替的标志之一，与其地理环境、社会结构相适应，男性服饰以其厚重、耐寒、利于劳作和狩猎为特色；女性服饰却相对轻薄，利于家务和田野劳作。羌族服饰非常丰富，包括头帕、长衫、领褂子、裤子、鞋、裹脚、围腰、鼓肚子、腰带、飘带。结构上不仅较好地延续了传统游牧文化的特点，而且在吸收和融合其他民族服饰文化的基础上，在服从于生产和生活方式的前提下予以发扬。上衣采用立领、偏襟右衽、宽袍、无腰身的H型或小A型为基本款式。其外形轮廓简单，衣服上下不取腰身，宽大平直，造型线条比较硬朗，长至足面。袖与身连裁，无肩斜。主体色彩受自然、信仰、审美等因素的诸多影响，素雅端庄，以白、蓝、黑为主色调。仅在领口、袖口、围裙、鞋等附件上绣花，进行修饰。纹饰色彩搭配对比强烈而协调。服饰绣花工艺精美，图案丰富，造型及纹样组合蕴含了羌族的文化观念、信仰、礼仪道德等内涵，具有较强的装饰性和艺术性。如围腰上以桃、李、杏、梅、菊等花朵图案为装饰，寓意美好、圆满；鼓肚子上缀以羊角或蝴蝶以寄情思；鞋子上绣云纹，表达对先祖的追忆和羊图腾；孩童帽子上绣羊角花、松树等表示长命富贵。特别值得一提的是羌族妇女的头帕，不同的寨子有不同的特点，有以装饰为主的，有以保暖为主的，有以护发为主的，还有以崇拜和缅怀为主的。既是一种美丽的追求，更是一种风情的彰显。羌族的服饰有明显的代际特征，老年人的服饰较为素雅，颜色深沉，年轻人的服饰色彩鲜艳。如男女青年喜欢系绣有花饰的通带，状如马耳朵，称为"马耳朵飘带"。同时，局部装束也能反映出婚姻状态，如未婚女子不绾发髻，婚后换发式、包头帕等。羌族释比在主持民间信仰活动时，也有专门的法衣。羌族饰品喜用银饰，既用于有实用价值的物品，如针线包、烟袋，也用于装饰如耳环、银牌等。羌族服饰文化是羌族民俗的一部分，其制作、穿戴的过程和使用的文化场景，均反映出羌族处理家族、地方社会、人与神、人与环境间关系的价值观。

羌族服饰在细节上的地域性差异较为明显，在服饰总体特征一致的情况下，各地区间服饰细节的相互影响较小。但由于所处区域的承汉启藏，因此服饰中难免相融共用许多汉藏服饰文化中的优美符号。

在经济全球化和市场化、文化融合不断加速的世界背景下，任何民族文化都难以独善其身，服饰文化融合和改进也在所难免，加之羌族自身的弱小和地理条件、人文环境的限制，这种演进和改变的进度较之其他强势民族当然要快许多。在无可奈何之中看见那么多火烫画一般的服饰符号渐行渐远，甚至于悄然消失，心灵的怅然若失难以言表，忧伤是自然的，悲恸也不为过。5·12汶川特大地震，给这个多灾多难却依然不屈不挠的民族带来了灭顶之灾，龙门山系的羌族如汶川、茂县、理县、北川等聚居县均为极重灾县，遇难同胞逾三万。本就弱小的民族再次在巨灾中削弱。羌族和羌族文化都面临艰难的抉择。在这个痛苦而生死的时刻，一大批文化精英痛彻肺腑地发出了"羌去何处"的民族叩问，积极地行走在那片灾难深重的土地上，抢救那些伤痕累累和奄奄一息的羌文化。与此同时，国家也在这紧急危亡关头，果断地划定羌文化生态保护区，实施一大批抢救、保护和传承工程，随着中国民间文艺家协会主持的我国民间文化抢救保护工程的开展，四川省民间文艺家协会组织的羌族服饰文化的研究和编辑也便一道在岷山深处、岷江流域情深意切地展开了。

如今，这本装帧精美、摄影独到的《羌族服饰文化图志》作品就这么完美地呈现在我们面前，放射出文化的夺目光芒，释放出为此书付出诸多艰辛和心血的所有作者和编辑对一个民族的无疆大爱，让我在深冬时节感到一种前所未有的温暖。在此，让我代表这个把霞穿在身上、把虹盘在头顶、把云踩在脚下的民族向你们深深地鞠上一躬，并致以心灵深处最圣洁的祝福。

2013年深冬

目　录

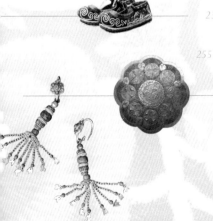

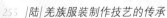

羌族

是我国民族大家庭中有着悠久历史的民族之一。自称"尔玛"、"日玛"或"日麦"。人口约30.96万人（2010年第六次人口普查）。主要分布在四川省阿坝藏族羌族自治州的茂县、汶川、理县、松潘、黑水等县以及绵阳市的北川羌族自治县，其余散居于四川省绵阳市的平武县、甘孜藏族自治州的丹巴县、成都市的都江堰市、邛崃市以及贵州省铜仁地区的江口县和石阡县。

羌族服饰图志调查点分布图

羌族服饰图志调查点分布图

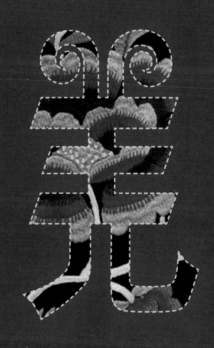

|壹| 羌族文化概述

一 地理环境和生计

（一）地理环境

羌族主要居住地位于四川省西北部，青藏高原东部边缘，地形西北高，东南低，大部分为高山峡谷，境内重峦叠嶂，地势陡峭，河谷深邃而湍急，海拔在1000—5000米左右。北部有岷山山脉，主峰雪宝顶海拔5588米；龙门山脉斜贯于东南，主峰九顶山海拔4969米；西部横亘着邛崃山脉，主峰四姑娘山海拔6250米；四姑娘山以北，有许多海拔在5000米以上、终年积雪覆盖的高山。

岷江峡谷风光〈耿静 摄〉

美丽的九顶山〈陶仲军 摄〉

茂县叠溪地震遗址〈余耀明 摄〉

境内主要为岷江和涪江水系，河流有岷江、湔江及其众多支流。岷江源于阿坝州松潘县与九寨沟县交界的弓杠岭南，流经松潘、茂县、汶川进入都江堰市，再穿过成都平原，在宜宾市与金沙江汇合，进入长江。都江堰市以上为岷江上游，从北向南纵贯羌区。岷江支流有黑水河、杂谷脑河、鱼子溪河和寿溪河等。湔江，又称石泉河、北川水，发源于岷山山脉，因"水势如湔沸之状"而得名，经北川、江油注入涪江。

羌族地区气候温和，冬春干旱，夏秋降雨充足，日照时间较长，昼夜温差大，气温垂直差异显著。在岷江河谷地带，年平均气温11—14摄氏度。湔江河谷地带年平均气温13.9—15.7摄氏度。灾害性天气有干旱、冰雹、霜冻等。

羌族地区动植物资源十分丰富。野生动物数千种，有大熊猫、小熊猫、金丝猴、羚羊等珍稀动物。有茂密的森林和低矮的灌木林，草地宽广，中草药资源丰富，种类达到200种以上，名贵药材有虫草、贝母、鹿茸、天麻等。在高山深处，有蕨苔、木耳等山

岷江与杂谷脑河交汇处(汶川段)〈耿静 摄〉

摄于卧龙自然保护区的大熊猫〈余耀明 摄〉

珍。此外，还有铁、云母、石膏、磷、水晶石和大理石等数十种地下矿藏。

（二）生计

羌族地区耕地资源少而分散，耕地面积仅占总面积的2.6％左右。一些耕地分布在海拔2800米以下的岷江和湔江河谷两岸，大多是宽窄不一的小块冲积谷地和平坝。分为旱地和水田，一年可以两熟。一些耕地是山腰间分布的黄土台地，主要种玉米、荞麦和土豆。高山也有零星的土地，种植青稞、燕麦、土豆、荞麦。播种时间随纬度、海拔高度、作物种类而各不相同。南部和北部温差相差半月至一月，山上河坝相差20天。过去种植的经济作物有烟和麻，现在盛产苹果、花椒、李、桃、核桃、板栗、杏、樱桃、茶叶、生漆、油茶、花生、向日葵等，品种日益丰富。过去很少种植蔬菜，现在大量种植萝卜、莲花白、番茄、白菜、海椒、韭菜、油菜、菜花等和各种豆类。除了耕种，羌族家庭还普遍饲养猪、羊、牛等牲畜，家禽以鸡为主。每逢夏秋之际，人们会采集菌类和药材。

羌族地区的自然环境，要求其服饰必须具有防风耐寒、利于防止野兽猛禽袭击、能够顺利在茂密林地中行走、抗荆棘的基本功能。其生计特点，决定了服饰材料主要取材于当地。

高山台地上的耕地〈余耀明 摄〉

上：晒胡豆　下：采摘葡萄〈耿静 摄〉

收获的玉米〈余耀明 摄〉

二　历史沿革

（一）历史源流

在浩如烟海的史籍里，有不少关于羌人的记载。《说文·羊部》中释羌"西戎牧羊人也。从人、从羊；羊亦声"。这是古代人对居住在祖国西部游牧人群的一个泛称。今甘肃、青海的黄河、湟水、洮河、大通河一带是古羌人的活动中心。殷商时期，甲骨文卜辞中有关"羌"的诸多记载，表明羌人在当时的历史舞台上十分活跃。

周时，大量的羌人融入华夏。春秋战国以后，羌人进一步发展和分化。西北的羌人迫于秦的压力，进行了大规模、远距离的迁徙，其中一部分迁入岷江上游地区。

汉代羌人分布很广，部落众多。汉王朝为隔绝匈奴与羌人的联系，在河西走廊设有敦煌、酒泉、张掖和武威四郡，设护羌校尉等重要官职以管理羌人事务。同时，归附的羌人大量内迁，与汉族杂居、通婚、融合，从事农业生产。未进入中原的西羌大部分散布在西北、西南地区，其中，在西南地区有牦牛羌、白马羌、青衣羌、参狼羌和冉駹羌诸多羌人部落。《后汉书·南蛮西南夷列传》载："冉駹夷者，武帝所开，元鼎六年以为汶山郡……其山有六夷、七羌、九氐，各有部落"，羌人在其中占有较大比例。此阶段的羌人，因分布地域广，与中原地区交往程度不一，因而各部的发展水平很不平

茂县营盘山古文化遗址〈余耀明 摄〉

汶川姜维城古文化遗址〈余耀明 摄〉

衡，大部分尚处在氏族部落阶段。

从东汉到西晋末年，进入中原的大部分羌人已基本融入汉族之中。而西北和西南的羌人仍然非常活跃。隋唐时期，活动在甘青和青藏高原东南部的羌人部落有党项、东女、白兰、西山八国、白狗、附国等，其中，西山八国系成都平原以西、岷江上游诸山各部的统称。他们处在中原王朝和吐蕃势力之间，在双方的拉锯战中，努力在夹缝中生存。宋代以后，南迁的羌人和西山诸羌，一部分发展为藏缅语族的各民族，一部分发展为现在的羌族。

元代建立土司制度，使这些地方的民族分布基本稳定下来。明末清初时，一部分羌人由四川迁往贵州铜仁地区，至此，羌族的分布格局基本形成。2008年，由于发生举世震惊的"5·12"汶川大地震，羌族居住的一些地方变得不宜于人类居住，次生灾害严重，部分羌族搬迁到其它地区。如汶川县龙溪乡两个村被异地安置于邛崃市的油榨乡和南宝乡。羌族人口的分布区域进一步扩大。

羌族地区出土文物双耳罐〈余耀明 摄〉

（二）建置沿革

羌族的历史源远流长，现在的分布格局，是历史发展与民族互动的结果。

公元前310年，秦国在有白马羌、牦牛羌分布的岷江上游地区设有湔氐道。汉武帝元鼎六年（公元前111年），设汶山郡，治所在今茂县凤仪镇，后迁至今汶川县绵虒镇。辖五县，即汶江、八陵、湔氐、广柔、绵虒。这些地区均在今汶川、理县、茂县一带。蜀汉时期，绵虒仍置汶山郡，改汶江道为汶江县，八陵县为蚕陵县，隶属汶山郡。

唐在岷江上游一带实行羁縻州制度，在茂县设有茂州都督府及多个羁縻州。五代时期，前蜀设有茂州，辖汶山、汶川、石泉和通化四县，设维州，辖保宁、小封二县；其范围主要在今茂县和汶川县以南，理县以东的地区，其余地方为吐蕃占有。宋时仍沿袭羁縻州制度，设茂州、威州，各辖两县、十几个羁縻州。元代设茂州，辖汶山、汶川两县，并设有安抚司、千户所、万户府，开始推行土司制度。明代土司制度全面推行，羌族地区设有董姓静州长官司等。同时，还建立了一套较为严密的军事治安体系，设置了大量的关、堡、墩台，驻兵防守。

清初袭明代旧制，羌族地区的土司较

茂县叠溪点将台唐代摩崖造像〈余耀明 摄〉

明清羌族地区土司表

名称	现址	受封时代	改流时期	辖区
石泉两土司	北川	元代	清初	北川县坝底堡及青片沟一带
陇木长官司	茂县	明代	1936年	茂县土门及渭门沟河东
静州长官司	茂县	明代	1936年	茂县北门及渭门沟河西
牟托巡检司	茂县汶川交界	明代	清末	汶川孔山，茂县牟托至壳壳寨一带
岳希长官司	茂县	明代	清末	茂县凤仪镇西及黑虎乡一带
竹木坎巡检司	茂县	明代	清末	松溪堡附近
水草坪巡检司	茂县	明代	清末	高龙乡水草坪附近
长宁安抚司	茂县	明代	1936年	茂县沙坝附近及渭门沟一带
实大关长官司	茂县	明代	清末	茂县叠溪实大关沟内
大定沙坝土千户	茂县	明代	清末	茂县较场区大令沟内
郁郎长官司	茂县	明代	清末	叠溪镇附近
叠溪长官司	茂县	明代	清末	较场坝附近
大姓土百户	茂县	清初	清末	茂县较场坝杨柳林沟内
小姓土百户	茂县	清初	清末	较场区龙池一带
巴苴巡检司	茂县	不详	清末	较场区巴竹村
松坪土百户	茂县	清初	清末	较场区松坪沟
小姓黑水土百户	茂县	清初	清末	沙坝区牙珠寨一带
大姓黑水土百户	黑水	清初	清末	黑水石碉楼一带
打喇土司	理县	清代	清末	兼领桃坪乡星上水田等寨
九子屯土守备	理县	清代	1936年	原为独立村寨，后为杂谷土司所并，乾隆十七年废土改为屯守备
杂谷安抚司	理县	明代	清代	管辖九子屯及茂县赤不苏一带
瓦寺宣慰司	汶川	明代	1936年	汶川草坡三江一带
簇头安抚司	汶川	明代	清初	簇头一带

资料来源:冉光荣、李绍明、周锡银著《羌族史》，四川民族出版社1985年版，第392—393页。

汶川县克枯栈道遗址〈余耀明 摄〉

北川禹穴古遗址〈孟燕 摄〉

多。今茂县境内当时设置有大小土司19个，管理土门、渭门、沙坝、石大关、叠溪、沟口、南新等地。今汶川县境内设置有簇头安抚司和瓦寺宣慰司，管辖涂禹山、绵虒、草坡、耿达、卧龙及三江口一带的藏族及部分羌族。今理县境内设置有打喇土司、九子屯土守备、杂谷安抚司等，管辖桃坪乡、九子屯及茂县赤不苏一带。今松潘县境内设置有呷竹长官司、麦来土千户、峨眉土千户、大布土千户、小姓土官，管辖白羊、小姓等地。其中，九子屯土守备、杂谷安抚司、瓦寺宣慰司系嘉绒土司，但属民大部分为羌族。

清中期以后，对羌族土司逐步进行改土归州。如静州土司和岳希土司的大部分地方被划为静州里和岳希里；陇木土司的大部分辖地先后设置为陇东里和陇木里。至道光年的一百多年内，羌区的土司除汶川瓦寺土司外，有的改流，有的名存实亡。羌民遂成为封建王朝的编户。民国初年，在松、理、茂、汶一带设置"屯殖督办公署"。1935年后，茂县、汶川、理县、黑水和松潘一带被

划入"四川省第十六行政督察区专员公署"管辖，专员公署和保安司令部都设在茂县，实行保甲制。

北川县始建于北周武帝天和元年（公元566年）。唐时析北川县地置石泉县。北宋于石泉县置石泉军，辖石泉、龙安、神泉三县，隶成都府路。南宋时石泉军迁治龙安县。元世祖升石泉军为安州，石泉县隶安州。明太祖洪武七年（公元1374年）降安州为安县，石泉县直隶成都府。明世宗嘉靖四十五年（公元1566年），石泉县改隶龙安

府。1913年罢府、厅、州，以道辖县，石泉县隶川西道（次年改称西川道）。1914年，复名北川县。

1950年1月，羌族地区获得解放。茂县设立了川西人民行政公署茂县专区专员公署，并陆续在羌族地区组建了区、乡级民族自治地方政府。松潘县大姓乡一带于1951年亦成立大姓藏族自治政府，管辖大姓沟、小姓沟48寨。1953年元月，撤销茂县专区，在茂县成立四川省藏族自治区，辖汶川、茂县、理县、松潘等13县。1954年，小姓沟从大姓藏

"5·12"地震后新建的北川县城〈李贫 摄〉

族自治政府析出，由热务沟行政委员会管辖。同年州府迁往刷经寺，1955年更名为四川省阿坝藏族自治州。1956年建小姓乡，属热务沟区辖。1958年将汶川县、理县、茂县三县合并组建为茂汶羌族自治县。1963年三县恢复原建制，茂县续称茂汶羌族自治县。1984年，松潘设镇坪羌族乡和小姓羌族乡。1987年7月，经国务院批准，阿坝藏族自治州更名为阿坝藏族羌族自治州，茂汶羌族自治县改称为茂县。松潘镇坪羌族乡和小姓羌族乡分别改称镇坪乡和小姓乡。

在北川，1950年1月解放即隶属剑阁专区；3年后改属绵阳专区。1985年5月，北川隶属绵阳市。1981年9月至1988年11月间，北川县先后成立了青片、白什、马槽、墩上、小坝、坝底等21个民族乡，其中羌族乡14个，羌族藏族乡7个。1987年11月，省人民政府批准"自1988年1月起，北川按少数民族县待遇"；1992年9月至次年10月，北川县进行了建制调整，有3镇13乡，其中，有陈家坝、都贯、禹里、白坭、漩坪、片口6个羌族乡，开坪、小坝、坝底、白什、青片5个羌族藏族乡。2003年，又新建都坝、马槽、墩上3个羌族乡和桃龙羌族藏族乡。至此，全县设3镇17乡，其中民族乡15个，羌族9.14万人，占全县总人口的56.7%。2003年7月，北川县正式成立北川羌族自治县。

平武县之南包括平通河流域全部和周边地区，与北川县与阿坝州松潘县白羊乡相邻，历史上是白草羌人生存活动的地带，并曾隶属龙州土司、龙安府石泉县、平武县流

茂县凤仪镇新貌〈卜思梅 摄〉

官管辖。徐塘堡、大印堡等10多个关要从北川划归到平武县。1950年后，这一带被称为豆叩地区。1956年2月，桂溪、甘溪、都坝和贯岭划入北川县管辖。其余地区，设豆叩区，辖豆叩、大印、平通、平南、锁江等10乡。1992年9月，平武县建置调整，设平通、大印、豆叩三镇和平南、徐塘、锁江三乡。2004年，平武县建立了平南、徐塘和锁江三个羌族乡。2008年，增设旧堡、水田两个羌族乡。

2008年发生"5·12"汶川特大地震后，部分羌族群众因原居地不宜人居或次生灾害严重被迫迁移，所在地方行政区划发生变动。原汶川县龙溪乡直台村与垮坡村夕格组村民迁移到邛崃市，分属油榨乡直台村和南宝乡木梯村。茂县维城乡2009年撤乡并入雅都乡。绵阳市安县安昌镇、永安镇、黄土镇的常乐、红岩、顺义、红旗、温泉、东鱼6个村2009年划归北川管辖，并设永昌镇。至2012年，北川羌族自治县置6镇17乡311个村和32个社区居委会。

三 文化空间

（一）语言与文字

羌语属汉藏语系藏缅语族，分北部和南部方言。北部方言通行于茂县北部的赤不苏区、较场区、中部的沙坝区，松潘县的小姓乡、镇坪乡、白羊乡以及黑水县的大部分地区；南部方言通行于理县、汶川县和茂县南部。长期以来，由于与汉族频繁交往，很多羌族能讲汉语、用汉文。20世纪80年代，《羌族拼音文字方案》（草案）通过有关部门审定，并在羌语分布区试行。

（二）饮食与建筑

饮食 羌族主食为玉米、洋芋、小麦、青稞，辅以荞麦、油麦和各种豆类。传统饮食有搅团、玉米蒸蒸、"金裹银"或"银裹金"、洋芋糍粑、煮洋芋、山腊肉。蔬菜为白菜、圆根、萝卜，人们喜吃酸菜，并习惯采食罗尔韭、飘带葱、灰灰菜、足鸡苔等野菜。20世纪90年代以来，羌民家庭收入增加，蔬菜品种丰富，人们的食物结构发生变化，以大米、麦面为主食。

建筑 羌族筑屋造房通常在向阳、背风，有耕地和水源的高半山或河谷地带，由几户或几十户形成自然村寨。建筑大致分为碉楼与碉房两类。碉楼为防御型建筑，大多属古代建筑遗存，矗立于关口要隘或村寨附近及中心，以石或黄泥砌筑，外观雄伟，坚固实用。碉房也叫"庄房"，为居住用房。呈方

酿酒〈余耀明 摄〉

形，分三层（也有两层和四层）。上层堆放粮食，中层住人，下层圈养牲畜。楼层之间用独木制作的锯齿状楼梯连接。房顶为平顶，可脱粒、晒粮、晾衣。房顶设有石龛，上置白石，为天神居所。中层楼内两端为卧室，中间为堂屋，堂屋内设火塘、神龛，是平时全家聚会、接待客人、欢庆歌舞以及举行祭祀的重要地方。

做火馍馍〈余耀明 摄〉

山腊肉〈余耀明 摄〉

围坐火塘〈万燕明 摄〉

理县桃坪羌寨〈余耀明 摄〉

丹巴太平乡纳布村建筑〈耿静 摄〉

茂县三龙乡呐呼村合心坝寨碉房〈耿静 摄〉

汶川雁门乡萝卜寨2008年 "5·12",汶川大地震前原貌〈余耀明 摄〉

（三）人生礼仪

出生　羌族非常重视孩子的出生。孩子出生后，要请释比作法，忌讳生人到家。有的地方有在门前挂靴的习俗，若生女，鞋面向上；若生男，鞋面朝下。生第一个小孩的时候，有的地方要举行"送祝米"活动，亲友们纷纷带着衣物、猪脚、鸡蛋和挂面等礼物去看望产妇。孩子满月和满岁后，家人还要宴请亲友吃"满月酒"和"满岁酒"。孩子脖上戴长命锁，以避邪祛病，保平安健康。

成年礼　在农历十月至十二月，年满15周岁的少年要行成年礼。届时，请来亲朋好友，围着火塘而坐，受礼者身着新衣，朝家中神龛下跪叩拜，并接受释比代表天神馈赠的礼品——用白色公羊毛线拴系的五色布条，作为护身符围在脖子上。再由族中长辈叙述祖先历史，或由释比诵经祷告，祭祀家神及诸多神灵。

汶川县萝卜寨
村民"送祝米"（苟丽娟 摄）

择偶及婚礼　新中国成立前，羌族男女婚姻遵循"父母之命，媒妁之言"，讲究门当户对，亲上加亲。新中国成立以后，自主婚姻逐渐居多，但传统的礼仪程序一直保留至今。婚嫁仪式主要有订婚和结婚。如果男子对女子有意，男方家就会备礼，请红爷（媒人）到女方家提亲。女方家要征得母舅同意才可允婚。之后，红爷带上礼物，去女方家吃"许口酒"。数月或数年后，男方家又请红爷携礼到女方家，以"小订酒"招待近亲。随即，男方家备重礼前往女家报期，在女家办酒席，即"大订酒"，作为正式订婚礼，欢宴女方家族，索取女方的生辰八字，请释比测算，定下结婚吉日。此后，两家开始筹备婚礼。婚礼全过程需要三天，因此举行婚礼一般选在农历十月初一以后的冬月或腊月间。那时，农作物刚刚喜获丰收，也进入杀猪备年货的时候，物资准备充分。同时，正值农闲，有大量时间筹备和庆祝。娶嫁前夜要举行"花夜"（坐歌堂），即为新人举办的娱乐晚会，女方家高朋满座，桌上放着咂酒和12盘"干盘子"（即装有花生、核桃、红枣、柿子、苹果、橘子、糖果等的盘子，饱含圆满、吉祥、喜庆之意），女方亲友与男方迎亲队伍会进行盘歌比赛。盘歌即以歌盘问之意，方式为一问一答，随意而风趣。内容主要有三部分，即称赞新娘的品貌才智，勤劳朴实；谈论携带的彩礼、新娘的穿戴、一年四季的农活；表达夫妻敬爱、新娘与夫家人和睦相处的愿望。结婚当天，新娘哭嫁，拜别亲人。进男方家门前，释比

结婚仪式：背新娘、拜堂〈罗胜利 摄〉

坐歌堂〈罗胜利 摄〉

理县薛城镇婚礼场景〈孟燕 摄〉

饮咂酒〈余耀明 摄〉

要举行祭祀神灵的仪式，驱赶附在新娘身上的"煞气"后，再向新人祝福。进门后，众人为新人举行"挂红"仪式，新人在神龛前行礼，表示结为夫妻，待男方亲友到齐，开始宴客。次日即谢客日，设宴感谢帮忙的人。婚后第三天，新婚夫妇要"回门"，由新郎及弟兄背着酒肉送新娘回家，看望父母之后，遂开始家庭新生活。

葬礼 羌族的葬式主要有火葬、土葬。火葬的历史最为悠久。至清中期，由于受汉族影响，加上封建王朝的提倡，土葬演变为主要葬式。但火葬仍在理县蒲溪、茂县赤不苏、较场等地保留下来。

（四）礼俗

挂红 羌族尚红，逢重大节日或庆典，以红色表示喜庆、隆重。对喜结连理的新郎、凯旋的英雄，以挂红的方式作为最高礼遇，以示为对新人的祝福、对英雄的敬仰和赞美之意。之后，衍生出对远道而来客人表示欢迎和尊敬。挂法是男左女右，用约七尺长的红色布或绸缎，从肩头斜挂至对称的肋下，然后打一小结，使之在体侧飘垂。

敬老 羌族有敬老的传统。饮咂酒时，先由年长者用羌语致开坛词，意为向神灵祈福，然后依照辈分高低、年龄大小、主客身份顺序，用酒杆吸饮。宴席中老人坐上位，待其就座，其他人才能坐下。路遇老人，要尊称、让路。歌舞时由老人领唱。

（五）岁时节令

羌年 又称羌历年，羌语"日美吉"，"吉祥欢乐的日子"之意。在汶川一带，被称为"过小年"。原是在秋天收获后，祭祀神灵和祖先，向神还愿的重大活动，包括还愿敬神和集体娱乐两方面内容。各地举行时间略有不同，如汶川绵虒一带在农历八月初一，北川在冬至，其他地方多选择在农历十月初一。20世纪50—80年代初，集体活动一度停止。十一届三中全会后，羌年活动开始恢复，随后，阿坝藏族羌族自治州将农历十月初一确定为法定节日。自此，羌族地区各地每年均举办欢庆活动。

春节 春节是羌族重要的节日。从农历腊月二十三起，家家户户要扫尘、敬灶、备年货。除夕之夜，要烧猪头肉敬献祖先和神灵，全家人坐在一起热热闹闹地吃团年饭，再围坐在火塘四周守岁。孩子穿新衣。初一不劳动，不出门拜访亲戚朋友。初二以后开始亲戚朋友之间的拜年请客。正月十五闹元宵，正月三十送年后，节日才结束。

瓦尔俄足 又称领歌节。主要流行于茂县曲谷乡、雅都乡一带。意思为"五月初五"。在曲谷乡河西村西湖寨，每年农历五月初五举行（如该寨有13—50岁妇女死亡，则当年不举行）。传说是为纪念歌舞女神莎朗姐。当日，妇女们着盛装，带上干粮、粽子、腊肉和咂酒，到西湖寨女神梁子举行祭

茂县曲谷乡河西村西湖寨村民欢度瓦尔俄足〈余耀明 摄〉

村民为迎接瓦尔俄足着盛装
〈余耀明 摄〉

祀活动。之后，回到寨子挨家挨户地唱歌跳舞表示祝贺，预祝家家兴旺发达。

在农历五月初五这天，其他羌族地区的群众要过端午节。人们会在孩子的额头上点雄黄、胸前挂香包，由有经验的妇女为女孩穿耳。方法是用花椒反复搓女孩的耳郭，待耳郭麻木后，用花椒刺刺穿耳垂，涂上雄黄酒，以防其感染发炎，再戴上银耳坠即可。

祭山会 是羌族最隆重的传统节日之一。是对诸多神灵进行祭祀的活动，也是人们祈求神灵保佑来年人畜兴旺、五谷丰登、地方太平、森林茂盛的大典。以村寨为单位进行。释比带着每户派出的男丁前往祭坛所在处。他敲着羊皮鼓，口中念唱经文，开坛取酒，敬献神灵；然后向白石神敬献神牛、神羊、神鸡，并将血淋于白石神四周，向诸神许愿、祈祷。释比要给初次参加还愿会的男孩和新上门女婿说吉祥如意的话，在他们的额头抹点陈猪油，并在其颈部系一根穿有小铜钱的白羊毛线，以示增添福寿。

在松潘镇坪乡和小姓乡一带，该活动被称为"祭山神"，举行时间分别在农历六月十五日和农历五月十五日举行。男女皆着新衣服，每户人家手执木杆，代表山王一支箭，杆上挂红、黄、绿、蓝、白、青六种颜色的经幡，分别代表山岩、土地、流水、蓝天、白云、天空，带上五谷杂粮，到山神庙祭祀。

理县蒲溪乡村民欢庆夬儒节（祭山会）〈耿静 摄〉

祭山仪式〈司京陵 摄〉

（六）音乐舞蹈

乐器 主要有羌笛、口弦、唢呐、锣、
钹、响盘（铜铃）、羊皮鼓、指铃、肩铃
等。其中，羌笛最具特色，是六声阶的双管
竖笛，演奏时多为独奏，曲调自由，分为劳
动曲、爱情曲、迎春曲三类。其音层互垫，
双音叠韵，音色柔和，悠扬婉转，表达出悲
凉的意境。羌笛及制作技艺已被列入国家级
非物质文化遗产保护名录。

民歌 广泛流传于羌族地区，形式多
样，主要有酒歌、情歌、时政歌、劳动歌、
喜庆歌、丧祭歌等。其中的多声部民歌尤其
富有特色。

羌笛〈余耀明 摄〉

茂县太平乡牛尾村多声部民歌手〈耿静 摄〉

羌笛演奏

舞蹈 羌族舞蹈分自娱性舞蹈和祭祀性舞蹈两类。自娱性舞蹈最具代表性的舞种有"沙朗"和"席步蹴",通常在节日、喜庆和各种聚会活动时跳。祭祀性舞蹈主要指"羊皮鼓舞"和"铠甲舞"。羊皮鼓舞本是庄严的宗教祭祀活动的一部分,由释比及弟子跳,以达到敬神、消灾、避难、祈福的目的。铠甲舞流行于茂县、黑水县一带,是为战死者、民族英雄和有威望的老人举行隆重葬礼时表演的祭祀舞蹈。新中国成立以来,羌族民间舞蹈得到了挖掘和抢救,经过艺术家们提炼改编的《铠甲舞》、《腰带舞》、《羌族锅庄》等舞蹈,在国内外产生了较大影响。

羊皮鼓群舞〈司京陵 摄〉

羊皮鼓舞〈余耀明 摄〉

松潘小姓乡羌族耍坝子〈曾天林 摄〉

（七）宗教信仰

羌族的宗教信仰处于多神信仰阶段，没有专门的宗教机构和组织，也没有脱离生产的神职人员。但其神灵体系完整，有人与神灵的沟通者——释比，并形成了相应的信仰文化。

诸多神灵均以白石为代表。白石，羌语称"阿渥尔"，系乳白色的天然石英石，在岷江流域随处可见，可放置在山上、地里、屋顶和庙宇中石砌的神龛里，也可放置于小塔的尖顶及周围。羌族地区流传甚广的传说"羌戈大战"描述，羌人进入岷江流域后，在神的帮助下以白石打败了对手戈基人，白石因而成为人们敬仰的神灵的代表。

释比 为羌语音译，尊称"阿爸许"，是羌族对民间男性祭司的一种称呼。作为神与人、鬼与人的中介，释比在羌族社会中享有很高的地位。羌族谚语说："官有多大，释比就有多大。"释比不脱离生产劳动，可以娶妻生子。

释比的传承方式有三个特点，一是师徒传承。除少数是父子相承，多数系非家族传承。只要能讲羌语，愿意从师学习，无论何地何人，均可以拜师学艺。二是选徒程序严格。要求学徒心无杂念，吃苦耐劳，记忆力强。三是释比仅以口传心授的方式传授技艺。学徒全靠农闲时间在师傅家习诵经典和基本礼仪，并在师傅作法时，在旁观摩习得。学制最少三年，多则数年。即便出师，

汶川县雁门乡萝卜寨祭坛〈余耀明 摄〉

圣洁的白石

释比任永清〈余耀明 摄〉

释比王海云〈余耀明 摄〉

往往继续随师傅学习。四是学成"盖卦"者方能成为释比。所谓盖卦，意指学成合格之意。由远近闻名的一位或数名释比组成考官组，对学徒进行考核。徒弟一旦出师，要举行隆重的出师仪式，由徒弟行谢师礼，师傅会在此时赠送一套法器给徒弟。

释比的法器有30多种，如羊皮鼓、神装、神刀、铜铃、神旗、神杖等。羊皮鼓用山羊皮绷制，单面圆形，内置一横木棍和两小枚铜铃。鼓槌包山驴皮或獐子皮。相传法鼓为神所赐，能知吉凶，占卜未来。神杖，用刺棍、树藤或铁制成，上端有铜制或铁制的神像，代表鬼王，下端是带尖头的铁矛可插入土中，用于驱邪送魂、治病及战争。释比的保护神为猴头祖师，其载体是释比戴在头上的猴头帽。猴头帽实为金丝猴头骨，内装少许金屑、木质、水银、紫灰、泥土，表示取金、木、水、火、土代表猴的五脏。传说释比作法忘记归途，幸有金丝猴指点才得重返家园。"刷日勒"，即算簿，是一种丝质或布类的算簿，上面彩绘人事、星宿、十二属相等各种图谱，一般是折叠式书牒，用于测算婚丧嫁娶、吉凶祸福、财气晦煞、良辰忌日等。

羌族具有多种信仰兼存的特点，不仅有自己传统的信仰，还信奉道教、藏传佛教、汉传佛教。由此，我们可以看到，羌族悠久而灿烂的文化，既是历史的长期积淀，又是与不同文化之间直接或间接互动发展的结果，充分体现出羌族文化空间上的广阔性、兼容性。

印钮〈余耀明 摄〉

羊皮鼓〈耿静 摄〉

神杖头像〈余耀明 摄〉

释比图经〈余耀明 摄〉

释比图经"刷日勒"〈余耀明 摄〉

茂县曲谷乡河西村西湖寨人户家的神龛〈余耀明 摄〉

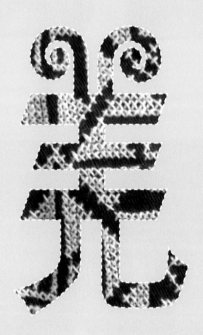

一　文献记载的羌族服饰

羌人的服饰，自古以来史书多有记载，只是略为零散。《后汉书·西羌传》言，羌人"披发覆面"，"食肉衣皮"。《周书·异域传》、《北史·宕昌传》也记载宕昌羌人"皆衣裘褐"，有"羌人括领"之说。《隋书·党项羌》载："党项羌者……服裘褐披毡以为上饰。"《旧唐书·东女国传》记载：苏毗羌人"其王服青毛绫裙，下领衫，上披青袍，其袖委地。冬则羔裘，饰以纹锦，为小环髻，饰之以金，耳垂珰。"《新唐书·党项传》记"男女衣裘褐，被毡"。这些都粗略地描述了唐及唐之前羌人主要的服饰特征，其服装材料以动物毛皮为主，反映出游牧民族的生产和生活方式。

在明清后期的地方志中，有关羌族服饰的记载逐渐清晰而具体。现藏于台北故宫博物院，由清乾隆年间谢遂所作的《职贡图》，绘有当时我国境内少数民族及周边各民族的服饰情况，每幅画的上方还附有满汉文字的说明。这幅长达四卷、合计301幅图的画卷中，有羌族图像及说明的3幅，即第三卷所载的《威茂协岳希长宁等族》、《石泉县青片白草等族》和《松潘镇黑水坪族氏》。从《皇亲职贡图》①可见每幅图各绘有男女着装情况。

"《威茂协岳希长宁等族》画卷绘有男女二人，貌清癯，皆戴狐皮帽，外穿布质开领长袍，束腰带。男，留须，裹腿，布履；女项上环念珠一串，革履，皆作站立状。面上书有满、汉两种文字的说明。该画卷汉文说明为'威茂协辖岳希、长宁等处番民。岳希长官司管黑虎寨七族，长宁安抚司管二十七寨，静州长官司管十二寨，陇木长官司管赤土关诸族、拗盘诸寨。其酋长皆自唐、宋以来承袭，本朝因之，皆输赋于茂州。番民居土室，戴羊皮帽，布褐长衣，以耕种为生，亦有贸易者。妇女盘发，缨帽，耳缀大铜环，长衣革履，颇勤耕织，婚礼用羧肪为馈，佐

① 《皇清职贡图》有多种版本。谢遂本仅台湾有藏，文中图案取自1991年辽沈书社影印出版清武英殿本（即辽沈本）。由 [清] 傅恒等编著，第614、615、626、627、642、643页。

以银布，俗习狡悍。又有水草坪、竹木坎诸土司，亦略相同'。《石泉县青片白草等族》画卷，绘有男女二人，貌丰盈。男，留须，头戴草笠，顶有一缨，左侧插雄羽三枝，着麻布圆领长衫，腰束带，跣足，裹腿，执锄，作耕作状；女，梳发髻，饰以花环，着开领短衫，腰围长裙，坐地以腰机而织，故其鞋不易辨晰。该画卷汉文说明为：'石泉县青片、白草番民。青片、白草四十二寨，其先本氐羌，明归白马生番属长官司，本朝康熙中，改土归流，旧隶龙安营，嗣改隶石泉县。多居山麓，以土为居，俗淳朴，以耕稼畜牧为生，岁输米七二石九斗，为石泉县兵食。番民服制，与齐民同，唯常着麻衣，插雄羽为草笠。番妇如顶发留四周，结辫为髻，裹绣衣，短衣长裙，以绣缘之。习纺织，亦有跣足耕作者。'《松潘镇黑水坪族氏》画卷，绘有男女二人，貌丰盈。男，留'八字须'，戴绷笠，着布质短领长衫，腰束带，裹腿，布履，背负孩童，作行走状。女，绾发于头，着布质短领长衫，腰束带，草履，背负竹兜，亦作行走状。此画卷汉文说明为'松潘镇属叠溪营辖大小姓、黑水、松坪番民。叠溪，明初置长官司，所辖河东熟番八寨，皆大姓，乃马路小关七族，其土舍辖河西姓六寨，而黑水、松坪皆属马，其酋郁为多，本朝康熙间，先后归化，仍授各土千百户，其居多山岗，累土为屋，番民戴缨笠，著布衣，番妇绾髻，裹花布，缀大耳环，着细摺长衣、革履、勤耕作、习纺织。大姓、小姓、松坪各输青稞粮石，折支叠溪营兵食，唯黑水于乾隆元年豁免。'……"①此三图所言之地皆在茂州（今茂县）、石泉（今北川）和松潘的羌族地区境内，表明各地衣饰略有不同。

《四川通志》中记录羌族"妇女多戴金花，串以瑟瑟，而穿悬殊（珠）为饰"。《道光茂州志》风俗篇中，记载有："其地有六夷七羌九氐，各有部落……氆裘杂猱。俗耐饥寒……古冉駹二国，羌氐之遗，其地多寒，宜麦、宜黍、宜畜牧……其服饰男毡帽，女编发，以布缠头，冬夏皆衣毡，妇女能自织……以上夷习。按近来番夷归州日久，饮食服

---

① 李绍明：《清谢遂〈职贡图〉中的羌族图像》，载《四川文物》1992年第4期。
② 四川茂县地方志编纂委员会办公室编印：《道光茂州志》第100页，2005年内部刊印资料。rao

物、冠婚丧祭，渐与汉民等矣"。[2]这里介绍了岷江上游茂州一带羌族的服饰及周边服饰变异的情况。

《理番厅志·夷俗》载："各番衣服之制，男子首毡帽或以布缠头；着毪子短衣（毪子以牛毛织成，似褐而粗），亦用布；外披大毯如僧褊，其上者亦服织组；左衽辫发，不栉沐；左右佩刀。妇女以布裹头，纽发细辫，末总辫之，更结牛毛于尾，盘于头额，缀以珊瑚宝珠；短衣长裙，耳垂大铜环。"这是对当地羌族、藏族的服饰总的描述，可惜不能清晰地将二者区别开来。

进入20世纪，相关记述略有增加。黎光明、王元辉等人在汶川瓦寺土司管辖一带作调查，所著《川西考察记1929年》中述："羌民也是常穿没褂面的山羊皮背心，但是似乎比土民所穿的要长一点。麻布是羌民最常穿的，土民比较少穿，羌民女子的衣领上周围常戴着一个个的圆的银牌，名为'压领'，土民中少见。"[1]在这里，土民指瓦寺土司所管辖的百姓，为其祖桑朗索诺木所带士兵的后裔，均为嘉绒藏族，有自己

理县羌族妇女 〈庄学本 摄〉

理县羌族男子 〈庄学本 摄〉

跳锅庄 庄学本镜头下的理县羌民

理县羌族少女 〈庄学本 摄〉

① 黎光明、王元辉著，王明珂编校、导读：《川西民俗调查记录1929》第174页，台北"中央研究院"历史语言研究所2004年发行。

043

庄学本镜头下的释比

的语言"土语"。羌民与之不同,是其佃户,只需向土司耕地交租,所说语言称为"乡谈",在长期共同发展中,土民与羌民许多风俗逐渐相似,服饰上尚略有差异。

1935年，著名的摄影家庄学本在他的《羌戎考察记》中谈及所见所闻，在汶川县城（今天的绵虒镇）街上，他看到"来去的大半是羌民，妇女尤占多数，她们穿着毪子衣，足上缠着一节红带，提着篮，背着口袋"，而在威州（今汶川县城），"无数的羌民戎民在交易，在闲逛。……羌民多穿麻布背心，缠白布头帕。羌民的妇女和男子的装束一般，唯蓄发戴耳环"，与戎人服饰有明显的差异。在理县九子屯，尽管守备是"戎人"，但"屯上的百姓全部都穿着麻衫，罩着山羊皮背心，男女均用头巾缠头，在服饰上显示出九子屯是个羌民戎官的部落"。[①]

羌民 〈葛维汉 摄〉
美国惠特曼学院提供

这一时期，也有外国人到羌族地区考察。如英国传教士陶然士（Thomas Torrance）、美国人类学者葛维汉（David·Crockett·Graham），在他们的眼中，羌族服饰有自己的特点。陶然士指出："羊毛、麻布、芋、毛匹和金属，还有自己的织布工和技工。棉花可能是他们所缺少的，但是他们有一种足以替代棉花的民族性的布匹，那是一种厚厚的斜纹麻布，起码可穿五年。男女一致穿它……仍然保持的古代工业是织床毯、毛毡、腰带和窄窄的粗绒。粗绒用来做绑腿，织进衣服里。到了冬天，毛匹用来抵御山风和严寒。往昔男人都戴毡帽，而妇女们则喜爱布头饰。然而，无论男女都用后者，虽然头饰布被裹成不同的方式。一些人也戴汉人帽……"并言："一个羌女的面庞并非是她的唯一财富。她头发还佩有一串银圈，整个头部装饰是十分精心之作……"[②]他还认为羌人尚白是穿不染色衣服的原因。

而葛维汉对羌族进行了较长时间的调查。他所撰写的《羌族的习俗与宗教》即对羌族的服饰作了细致的描写："羌族人的服装系由未染色的麻布缝制，呈白色或乳白色的自然颜色。他们自己种植亚麻，由妇女编织而成。在寒冬，人们用深色羊毛做暖和的冬衣。第三种类型的服装：一般是无袖、带毛的动物皮革（羊皮褂子或坎肩）；一些羌族人的衣服是用从汉族地区购买的棉布制成；男人和女人都穿裤子。人们很少穿袜子，他们用毛线织成绑腿裹脚，再往腿部缠绕至膝。他们很少穿草

释比〈葛维汉 摄〉
美国惠特曼学院提供

① 庄学本著：《羌戎考察记》，四川民族出版社2007年版，第15页、21页和40页。
② 陶然士著：《青衣羌——羌族的历史习俗和宗教》，陈斯慧译，汶川县档案馆1987年内部出版，第26~28页。

麻布长衫
四川省博物院提供
由四川省民族事务委员会
于1959年在茂县征集

1950年代的羌民
四川省民族研究所提供

鞋，因为妇女们缝制的布鞋更为舒适耐用。那些在特殊场合穿的鞋子上面绣有装饰性的美丽花朵和蝴蝶。男女都缠布制头帕。最典型的上衣是未染色的白色麻布及膝长衫，女式长衫略长于男式长衫，而且前襟短于后衽，后衽可达脚踝处，男式长衫前后一样长。冬装是用深棕色羊毛织的，比白色长衫略长一些。寒冬时坎肩的毛翻向内保持温暖，雨季时则把毛翻向外。在一些地方，男女最好的麻布长衫是在衣领到腰部的斜开前襟，有青布饰边。饰边用白线挑绣简单的星、花和几何图案。男女都要系白色麻布织成的腰带。但在汶川和理番，人们喜欢五彩斑斓的有花纹图案的腰带。"①

更为难得的是，庄学本和葛维汉还拍摄了许多反映羌族生产及生活的图片，为我们今天的研究提供了宝贵的资料。

1952年，西南民族学院民族研究所调查组对羌族地区进行了较为详尽的调查，在其成果《羌族调查材料》一书中，对羌族服饰有如下描述："各县羌族服饰都大同小异，男女都着麻布、毪子长衫，羊皮背心，包头帕，打绑腿，妇女穿尖钩花鞋，有些地方受汉族影响或多或少的穿汉装，尤以男装改变很大……麻衫毪衫都是妇女搓线，手工织成的。羊皮背心正面穿可御寒，反穿可挡雨，劳动打柴挖药经得起摩擦，耐用。妇女擅长刺绣，尤以挑花特别精美，在他们服装的领边袖口、围腰、腰带、裤带、子弹带、鞋子上都挑绣许多艳丽的花纹。男人们都抽叶子烟，每人腰上插一根烟杆，身上挂着烟盒。女人也讲究佩戴首饰，有簪子、耳环、手镯、银牌、针线盒等，多为银质，由本族银匠或汉族银匠打制，也有镶以玉石、珊瑚玛瑙的……'镇坪四保'地区羌民男人都蓄发，掺以丝线编成辫子绕成发髻垂于脑后。女人不穿裤子。……在理县近嘉绒藏族地区，妇女头顶青色帕以发辫缠绕。在与汉回族杂居地区，许多已不穿尖钩形花鞋，天冷时，才打绑腿，上山劳动时才穿羊皮背心。"

值得一提的是，近年在羌族地区发现的《刷勒日》释比图画经卷，

① 葛维汉著：《羌族的习俗与宗教》，耿静译，载《葛维汉民族学考古学论著》，巴蜀书社2004年版，第25~26页。

被释比视为"圣书"，画卷总长176厘米，宽16厘米，有图108幅，大致可分为祭祀、大葬、婚配、驱邪、蛇神、属相等部类。其上有不少人物服饰展示。如祭祀图经中，男留发，盘发髻于头顶，有的戴有沿帽，服饰着斜襟长袍，束宽腰带，脚穿黑色长靴；女盘发，"有的戴缨毡帽发披于肩后者，坠耳环，体态丰满，服饰为开领长袍，披发单衫绣衣，束带；站立着穿长裙"；大葬图经中，释比"长袍大古字开领、袖、衣边为黄色兽皮镶边，束黄色腰带，头饰圆帽，发披肩于后臂，脚穿黑色长筒靴，手配珠链"；婚配图经中，"男长衫束带，腰间佩戴器物，脚穿长筒靴。女长裙大开领，衣边镶皮毛、首饰，头发螺旋型盘于头顶部，显得十分高雅、庄重"①。

二　口头传统中的服饰文化

在羌族社会中，由于过去没有文字，羌族文化都是以口耳相传的方式进行传承的，因而在其服饰文化中，口头传统对服饰文化的表述就成为重要的组成部分。

（一）民间文学

在羌族民间文学中，传说、寓言、故事、神话等占有重要的地位。它主要靠人们世代口授和长期歌唱进行传承。民间文学内涵丰富的题材，反映了羌族的历史、生活、习俗和思想感情，具有鲜明的民族风格和艺术特色，是羌族珍贵的文化瑰宝。在这个文化宝库中，有大量关于羌族服饰文化的信息。

流传很广的叙事长诗《木姐珠与燃比娃》，分"倔强公主"、"牧羊少年"、"龙池巧遇"、"赠发定情"、"大胆求婚"、"三破难题"、"火后余生"、"再次求婚"、"险遭毒计"、"创造幸福"十部分。传说很早以前，"天神的三公主，美丽的木姐珠，爱凡间，想凡

① 参阅于一等著《羌族释比文化探秘》，中国戏剧出版社2003年版，第98～110页。

间，要到凡间洗麻线"，到小河边后，她"取下首饰放身边。双手搓麻线，身影倒映在水中间"，遇到凡人燃比娃，两人相爱，木姐珠把"麻布裹腿送给燃比娃，雪白的裹腿送给燃比娃。燃比娃接过定情物，心上的石头落了地"[1]，类似的传说还有《木姐珠》[2]，木姐珠放羊的地方在汶山，她"羊毛篼篼肩上挎，羊毛纺锤手上提"，坐在白石上，"羊毛篼篼放身边，纺线锤儿左旋转，纺线锤儿右旋转。"见到斗安珠后心生爱恋，先后"解下裹腿"、"取下篼子"、"珊瑚戒指"赠斗安珠，与之定情。但是他们相爱受到天神的百般阻挠。在聪明的木姐珠和众神帮助下，有情人终成眷属。他们离开了舒适的天宫，回到了羌寨，依靠自己的双手，修房造屋，开荒种田，纺线织布，过起了幸福美满的生活。该故事歌颂了羌族人民的勤劳和智慧，反映了人们不畏神权，追求自由婚姻的美好愿望。

英雄史诗《羌戈大战》，有700多行，由"序歌"、"羊皮鼓的来源"、"大雪山的来源"、"羌戈相遇"、"重建家园"五部分组成，讲述了在远古时候，羌族的祖先从西北地区来到岷江上游水草丰美的地方生活，同身强力壮的凶悍的戈基人发生冲突，他们以颈部悬羊毛线作为标志，在天神的帮助下，用白石击败了戈基人，得以发展生产，安居乐业。史诗反映出古羌人在历史上曾有过的迁徙记忆。

《云云鞋的传说》有多个版本。其中，版本一取材于《羌戈大战》中的一段，描述了羌人得到云中仙人的启示，战胜了戈基人。为了感激仙人，羌人不仅将白石作为神的象征供奉起来，而且还取样于白云的形态，做成漂亮结实的云云鞋穿在小伙子脚上。版本二则叙述了一个孤苦伶仃的牧羊少年与海子里的鲤鱼姑娘相爱的故事。姑娘为表心意，撕来天上的云块，摘来羊角花给少年做出漂亮的云云鞋，二人过上了幸福美满的日子。从此，凡男女恋爱，女方就会做精致的云云鞋作为定情信物送给男方[3]。版本三亦流传甚广，源于《大禹王的故事》[4]，大禹之妻涂山氏用五彩金线在大禹的鞋帮上绣上了两朵彩云，使大禹如行走在

云云鞋

---

① 参考汶川释比王治国的唱经《木姐珠与燃比娃》，载《羌族民间长诗选》，北川县政协文史委及北川县政府民宗委1994年编。

② 参考汶川释比袁祯棋的唱经《木姐珠》，载《羌族民间长诗选》，北川县政协文史委及北川县政府民宗委1994年编。

③ 四川阿坝州文化局主编：《羌族民间故事集》，中国民间文艺出版社1988年版，第33页和417页。

④ 张力编：《羌族民间故事选》，《羌族文学》编辑部2001年编印，第24页。

云朵之上，能行走如飞，涉江过河，翻越高山，最终治水成功，"云云鞋"也由此得名。

《同心帕》①讲述了羌族妇女喜欢围花围腰的原因。传说一羌女聪明能干，只是心眼太多，整天埋怨丈夫不中用。山神见丈夫受气，决意帮助他，佯装向羌女问路，并送一张花帕表示谢意。羌女很喜欢这张异香扑鼻、绣着百花异草的帕子，欣赏中花帕变成了花围腰。围上围腰的羌女心胸豁然开朗，从此夫妻同心，相敬如宾。

（二）民歌

羌族民歌形式多样，主要分酒歌、山歌、情歌、时政歌、劳动歌、喜庆歌、丧祭歌等，多为即兴发挥，抒发出唱者不同的心境。其中，酒歌只在饮酒时唱，由老人引领，众人相和，内容多为颂扬英雄、先辈功绩和欢迎客人，礼仪性强。在松潘县小姓乡、镇坪乡、茂县赤不苏、较场等地，至今还流行多声部民歌，演唱技巧高超，有二声部、三声部、五声部、多声部等不同的组合形式。民歌中有不少唱到服饰。如：

> 红布带子三尺长，送给阿哥扎衣裳，切莫嫌弃带子短，带子虽短情意长。
>
> 一早上山去砍柴，露水湿了阿哥鞋。林中露水难得干，阿妹做鞋送过来。
>
> 羊皮褂子襟对襟，我与阿妹合了心，上坡下坎手牵手，紧贴胸口心换心。
>
> 羊皮褂子两面穿，天晴下雨不离肩。小哥精灵又能干，哪个小妹不喜欢？
>
> 沟边担水上石台。红绸腰带绣花鞋。快走三步叫哥看，慢走三步等哥来。

---

① 四川阿坝州文化局主编：《羌族民间故事集》，中国民间文艺出版社1988年版，第196~198页。

流传较广的《十爱妹》，唱道：

一爱妹嘛妹的发，梳子梳来篦子刮。

洗玛拉啊嗨，梳个盘龙把花插。

二爱妹嘛妹的眉，妹的眉毛细又密。

洗玛拉啊嗨，好像天上娥眉月。

三爱妹嘛妹的牙，一口白牙齐刷刷。

洗玛拉啊嗨，张口句句是真话。

四爱妹嘛妹的脸，妹的脸儿粉团团。

洗玛拉啊嗨，好像三月桃花园。

五爱妹嘛妹的耳，两只耳朵轮廓好。

洗玛拉啊嗨，银须耳环镶玛瑙。

六爱妹嘛妹的胸，妹的酥胸白如葱。

洗玛拉啊嗨，看到郎来跳得凶。

七爱妹嘛妹的腰，妹的腰姿细条条。

洗玛拉啊嗨，好像垂柳刚抽条。

八爱妹嘛妹的裙，花花裙儿绣得精。

洗玛拉啊嗨，裙儿一摆勾人魂。

九爱妹嘛妹的手，一双手儿灵又巧。

洗玛拉啊嗨，拉到手儿丢不了。

十爱妹嘛妹的足，足穿花鞋迈步走。

洗玛拉啊嗨，走路好像风吹柳[1]。

流传于茂县太平乡的一首情歌唱道[2]：

（男）郎在高山打弹弓，姐在屋里学裁缝，手拿弹弓无心弹，衣服烂了无人缝。

（女）叫声小哥你来听，你要寒衣拿布来，早晨不空下午裁，针头麻线都还有，只差一包绣花针。

（男）叫声小妹你来听，你要绣针我无线，我今回去当水田，一当哥哥槽上马，二当嫂嫂后花园。

（女）小哥说话好可怜，你把前妻休了她，买包绣针用不完。

（男）叫声小妹你来听，我的前妻一枝花，然何舍得丢了她，早晨能扎灵芝草，夜晚能扎牡丹花。

---

① 均见张善云编：《羌族情歌三百首》，中国戏剧出版社2004年版。

② 茂县地方志编纂委员会办公室2005年编印：《茂县羌族风情》，第150页。

流行于北川等地的仪式歌中，充满喜庆的"坐堂歌"内容丰富多彩，如：

一根竹子十二桠，又结葡萄又开花。前头结的金豆豆，后头开的羊角花。羊角花上洒点油，又打金簪又梳头。明早姐姐要出嫁，金簪别在云朵头。①

在贵州羌族聚居区，至今保留着一些羌族传统习俗。在接亲时的哭嫁仪式中，新娘好友及至亲的姐妹所唱的伴嫁歌即表达出为之喜悦的心情：

堂屋中间点红灯，手拿梳子请媒人。媒人请到当中坐，开口媒人讨细针。讨得细针要细线，做起鞋子谢媒人。我歌只唱这点上，哪位贵客又接声。②

听说情哥要远行唉，

阿妹心中难舍分哟；

送哥一双云云鞋啥，

腾云驾雾快回来呀。

云云鞋〈杨成立 摄〉

①《北川羌族》编委会：《北川羌族》，2000年内部印刷，第390页。
②程昭星：《贵州羌族述略》，载《四川省志·民族志》编委办公室：《羌族研究》第二辑第112页。

从释比的经典中，我们也可以看到反映服饰文化的内容。《羌族释比经典》①（六）"婚姻篇"的第十三部《绣花》是释比祝福新郎新娘婚后幸福美满、前程似锦的经文：

唱红布

一根红布九尺长，今天拿来贺新郎。

新郎佩戴赤红带，双肩扎起大红花。

装点人间多吉祥，人生此次最最美。

诸神祖宗赐福忙，一日欢度当数日。

新郎本是上天赐，十个儿郎九登科。

唱帽子

一对鲜花把目夺，今朝新郎戴一朵。

羊毡帽子多漂亮，新郎戴起威风多。

两边插的金簪花，簪花辉映明晃晃。

左边插支生贵子，右边插支点状元。

荣华富贵到你家，人丁兴旺财源茂。

金银财宝滚里面，子孙辈辈举圣贤。

① 四川省少数民族古籍办：《羌族释比经典》，四川民族出版社2009年版，第812页。

在（十）"禁忌篇"的第一部《禁忌》也谈到了对服饰的有关忌讳：

田间劳动回家时　　　小孩尿布禁烘烤
禁忌扛锄戴草帽　　　烘烤尿布不吉祥
不准戴草帽进屋　　　……
戴上草帽像招魂
……　　　　　　　　婴儿帽子缝贝壳
　　　　　　　　　　对着大门挂铜镜
忌讳脚朝神龛靠　　　妖魔鬼怪不敢进
神龛边上禁挂衣　　　……
神灵看见不高兴
……　　　　　　　　刚逝丈夫的寡妇
　　　　　　　　　　围着青苗菩萨转
火塘座位男女别　　　须用木梳梳头发
不能乱坐跷腿脚　　　梳头之后弃木梳
长者男人上八位　　　才能在外交往
妇女儿童坐下方
……

三　羌族服饰的基本特征

通过上述文献记载和口头传统的相关资料，我们可以看出羌族服饰与其居住环境、生计方式，与周边各民族的联系等密切相关。总体来说具有以下几个基本特征：

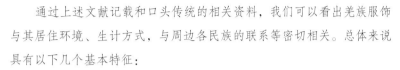

第一，传统服饰原料选材大部分为自产。根据居住的生态环境，羌族人民顺应大自然，对自然资源进行了筛选，取麻或种植麻为主要的纺织原料来制作服装。并根据农牧兼营的生产方式，充分利用牛羊的皮毛制作毡布、褂子。其制作的品种多样，包括头帕、长衫、领褂子、裤子、鞋、裹脚、围腰、鼓肚子、腰带、飘带。还有铺盖、毯子、洗脸帕、口袋和褡裢子等。

火镰

第二，服饰结构上秉承游牧民族的特点，采用立领、偏襟右衽、宽袍、无腰身的H型或小A型为基本款式。其外形轮廓简单，衣服上下不取腰身，宽大平直，造型线条比较硬朗，长至足面。袖与身连裁，无肩斜。主体色彩受自然、信仰、审美等诸多因素的影响，素雅端庄，以白、蓝、黑为主色调。仅在领口、袖口、围裙、鞋等附件上绣花，以发挥修饰作用。纹饰色彩搭配对比强烈而协调。

幼儿尾巴帽

第三，服饰绣花工艺精美，图案丰富，造型及纹样组合蕴含了羌族的文化观念、信仰、礼仪道德等内涵，具有较强的装饰性和艺术性。如围腰上以桃、李、杏、梅、菊等花朵图案为装饰，寓意美好、圆满；鼓肚子上缀以羊角或蝴蝶以寄情思；鞋子上绣云纹，表达对先祖的追忆和羊图腾；孩童帽子上绣羊角花、松树等表示长命富贵。

羌族老年男子日常服饰

第四，服饰可以反映出年龄特征。老年人的服饰较为素雅，颜色深沉，年轻人服饰色彩鲜艳，如男女青年喜欢系绣有花饰的通带，状如马耳朵，称为"马耳朵飘带"。同时，局部装束能反映出婚姻状态，如未婚女子不绾发髻，婚后换发式、包头帕。

　　第五，羌族服饰体现了较强的性别差异。这与长期积淀的生活方式、男女性别分工有关。男性因外出的时间和机会较多，服饰上更趋同现代服饰，具有简单、同质化的特征，而女性因主要从事家务、田间劳作和生产，难得与外界接触，因而成为传统服饰的主要传承者，使其服饰呈现出丰富多样、区域性差异的特点。妇女普遍喜爱银饰，以此作为美丽和财富的象征。男子佩戴鼓肚子、火镰等饰品，不仅实用，还显示出阳刚之气。

　　第六，羌族服饰地域差异较为明显。由于羌族长期与汉族、藏族交错居住，交往频繁，文化之间互动明显，因而对汉藏服饰文化符号的借用较多。

　　第七，随着经济与社会的发展，羌族服饰的制作材料更加多样，图案与纹饰更为丰富，颜色从简明素雅向明艳亮丽方向演化，特别是挑花与刺绣工艺在服饰上运用的范围不断加大，越来越精美。

理县薛城一带羌族女性〈孟燕 摄〉

四 羌族服饰的功能

服饰是人类文化的历史标记，是历史的文化象征。它如一种无声的语言，无时不在透露着人类悠远的文化信息，发挥着多重的文化功能。同样，羌族服饰文化在推进羌族社会文明的发展进程中具有无形的力量，其功能主要表现在以下几个方面：

第一，对生存环境的适应功能。羌族聚居区的自然环境大都在高山峡谷地带，羌族服饰必须具有护体、御寒以及性的遮饰等基本生存需求的功能。如绑腿的使用，不仅具有保暖功能，而且在恶劣的山地环境下，可以发挥防荆棘、防虫蛇袭击的作用。这种多重满足身体基本需要，使人们能突破生理上的限制，减弱对大自然的畏惧心理的功能，增强了羌族人民适应恶劣环境、征服自然的能力。

第二，在社会角色和社会秩序中具有标识性和规范性功能。任何人在社会中都充当着一定的角色，如性别角色、年龄角色、职业角色、社会角色等，服饰成为辨识其角色最直观的标志。具体来说，在羌族社会

鼓肚子

中，男女各有分工；不同年龄阶段的人承担的社会责任和义务各有不同；在社会结构中，释比的地位和作用异于常人；在人生礼俗中，不同人所担任的角色通过服饰来表现，进而以礼仪伦常来规范羌族社会中人们的行为举止。

第三，在文化心理和思想意识中具有符号化功能。在羌族民间信仰中，释比是神与人、人与鬼之间的中介，其服饰充分体现出应有的权威和作用。所戴猴头帽的山形帽叉，置于头顶，代表着对天、地、山诸神灵的无限崇敬，同时，释比所执神杖、法鼓等皆具有神性，是借以达到驱除一切邪魔目的的工具。在这种意义上，释比的服饰亦成为人与神灵沟通的符号化标识。

第四，具有历史记忆的功能。服饰记录着一个民族的兴衰荣辱和发展轨迹。对于羌族这样一个靠口头传统传承文化的民族尤为如此，历史记忆及传统文化的层层积淀可以通过服饰表现出来。如茂县黑虎羌寨的妇女所戴的"万年孝"就是述说民族英雄史迹的例子。

第五，具有实用及审美功能。形、色、图、质代表服饰构成的形式要素。尽管羌族服饰具有很强的实用性，但审美意识及表现早已暗含其中。审美与实用巧妙运用，如在领口、袖口、鞋头等容易磨损的地方，通过加厚绣花的方法，使其美观又耐磨。随着历史的演进，审美功能日趋强化和多样化。如羌族的挑花和刺绣，原来受到经济收入不高，无法购买和制造精美原材料的制约，其色彩的运用及材料的选择都受到很大局限，审美需求被压抑。今天，运用的原材料越来越精美，羌族服饰也迅速向多样化、时代化、艺术化方向发展，更加突出了美化生活的功能。

总之，不同的历史时代、不同的生态和文化环境即产生不同的服饰，而同样的服饰在不同历史时代和生态、文化环境中，其文化功能也会发展转化或变异。羌族服饰也是这样，其服饰文化功能具有丰富的内涵，从而成为"自立于语言、文字、乐舞、造型艺术、仪式、节日等符号形式之外，又与它们相辅相成的一种特殊的符号样式"①。

羌绣

① 邓启耀：《民族服饰：一种文化符号》，云南人民出版社1991年版，第18页。

一 日常服饰

羌族日常服饰朴素大方，男女普遍使用头帕。头帕分包（缠）头和搭帕两种。从色彩而言，男子头帕只有黑白两种颜色，一色使用或双色混用。女子头帕可素可艳。邻近藏族地区的男子喜欢戴帽子。男女均穿素色麻布或棉布长衫，外套羊皮褂或棉褂、束腰带、缠绑腿、系围腰、鼓肚子，着绣花鞋或云云鞋。配饰有耳环、手镯、簪子、银牌、火镰等。

按照地域不同，各地服饰各有特点，归纳起来，具有代表性的服饰大致有休溪、羌锋、黑虎、三龙、纳普、曲谷、叠溪、镇坪、大尔边、青片、纳布11类：

（一）休溪型服饰

此服饰主要分布于理县蒲溪乡一带。蒲溪乡位于理县东部杂谷脑河支流蒲溪沟内，从理县县城所在地杂谷脑镇出发，沿成阿公路下行约15公里即到蒲溪沟口，沟内山体高大、地势陡峭。全乡辖5个村，为色尔寨、奎寨、休溪寨、大蒲溪寨、老鸦寨，居民全部为羌族。休溪寨海拔2600米。紧邻薛城乡所辖的小岐山寨、大岐山寨、马山寨、箭山寨及木卡乡所辖的朱耳寨，与之在生产、生活习俗上有许多共同点，因此当地人习惯将之统称为"蒲溪十寨"。

蒲溪地处高半山区，早晚温差大，高山地带植被茂密，半山荆棘杂草丛生，特别适合生长麻类植物。当地的麻有两个品种，一种是红麻，羌语称"贝"，专门用来做衣服；一种是火麻，羌语称"纱"，专门用来

理县蒲溪乡休溪村〈耿静 摄〉

舞蹈中的蒲溪乡男性

舞蹈中的蒲溪乡女性

做鞋。

此类型特征：男女包人字格形黑色或白色头帕，前高后矮。男穿白色麻布长衫、麻布大裤脚裤，套羊毛织成的毡褂。系黑色或白色腰带，绑腿外系黑白相间的带子；系鼓肚子，配腰刀、火镰。女子头戴银制品装饰，着麻布长衫，外套对门襟褂或毡子褂。系麻布带子和花围裙，绑腿以红色棉布从下而上至膝盖，再加黑或白色棉带。衣服及褂子（坎肩）绣花以拼花工艺为主。

1. 头饰

头帕当地羌语称"各术"。白头帕称"披各术"，黑头帕称"拉别别各术"。用33厘米的棉布或涤棉布一剖为二制成，无须锁边。以单色或黑白两色混用。

（1）老年人头帕：为60岁以上的老人所用。

男式：缠单色头帕。

女式：主要有两种缠法：第一种为单色缠绕法，需用两条头帕。顺序为：将独辫发绾成发髻或双辫盘发；用一条200厘米黑布按顺时针方向缠绕，无须折叠整齐，不留刘海儿，底端紧紧卡在布里；再缠第二条33厘米长黑布，宽度大于第一条，亦按顺时针方向缠绕，将第一条头帕包住即成。第二种为双色缠绕法，需要用三条头帕，黑、白两色，按照黑—白—黑或白—黑—白的顺序先后缠绕。例如，黑—白—黑顺序为：盘发后，先缠黑帕，再将白布对折缠头，再缠黑布。均按照顺时针方向缠绕。

（2）中青年头帕：男性主要包双色头帕。女性结婚之前不包头帕，结婚时只能包黑头帕。头帕一端有彩色绣纹，多为随手绣的有排列规律的纳花。两条头帕缠绕时要把彩色纹饰一端分别露在帕子外，如牛角在头顶，格外醒目。结婚后还可以包两色头帕，有内黑外白或内白外黑两种。缠法与老年人缠法不同，为万字格包法，缠第二条时宽度略窄于第一条，使黑白对比明显，前额部略宽于两侧。

※ 主要访谈人：理县蒲溪乡休溪寨余六斤，女，63岁；大河坝村王树清，男，46岁。

近年来，有的男性喜欢戴市场上购买的帽子，有的则既不包头帕也不戴帽子。

2. 长衫

长衫因材质不同分为麻布长衫和棉布长衫。

麻布长衫，羌语称"朴吉吉"。主要以红麻制作。宽袍大袖。绣饰以彩色布剪出图形，再用针线缝在衣服的装饰位置上。云纹、蝴蝶型、流动的宽线型最为常见。此外，日常生活中，通常穿棉布或涤纶长衫。

生活中的蒲溪乡女性〈耿静 摄〉

男式麻布长衫及局部图

女式麻布长衫及身着麻衫的妇女

男式棉布长衫

女式棉布长衫

女式棉布长衫局部

3. 坎肩

羌语统称为"褂褂",背心之意。与长衫相配。有女式和男式之分。

女式坎肩称"吉珠美",有各式花纹和彩条装饰,云云纹最多。男式坎肩称"作诺珠",无花纹,有三组盘扣,每组两对或三对。过去用麻布制作。现在多购买棉布。100厘米长的布能做两件坎肩。

女性制作。通常用食指和拇指间距离"卡"为单位进行丈量。前下摆左右两底宽各为一卡半,后摆底宽三卡半。也有用尺测量。样式多取旧坎肩作为样板。工序是:依照样板在新面料上用粉画后再裁剪;剪"云云"纹;绣蝴蝶;扎艳丽的约1厘米宽彩条,彩条依照个人爱好在街上购买;为衣服裹边;上里子;做领口和纽扣。全部完成共需用时5天左右。

丝绣夹层对襟褂子
理县薛城镇王素花提供 <王明军 摄>

当地又称褂子。系提供人母亲韩春桃(蒲溪乡人)作品,为自绣嫁妆之一。已有80余年历史。无领、内层为红花棉布,外层黑色缎面作底,两边开叉,对襟上有三颗盘扣。彩色丝绣,色彩明艳,制作精美。局部镶浅蓝色边,正面图案对称,上以仙鹤绣饰,寓意健康长寿,中部和下部饰以大朵羊角花和山形,点缀云纹,背部饰以凤凰和花朵,前后下摆饰以连续回纹装饰。肩宽34厘米,领宽14厘米,衣长67厘米,袖笼47厘米,下摆单边33厘米。

棉布夹层短褂及局部图
两件实物由休溪寨余素华提供

无领无袖无扣、对襟、两侧下摆开衩。
衣长60厘米，肩宽37.5厘米。
领阔15.5厘米，前后窝深7厘米，袖口宽24厘米。
前中线30厘米，后中线34厘米。
下衩13厘米，前下摆48.5厘米，后摆52厘米。

棉布夹层短褂正面及背面

4. 围腰

羌语"帕子"，妇女用品，又称半襟围腰。以黑布为底、有各色纹饰的四边形布，装饰边带（羌语"帕子作勒"），系于腰间，与长衫相配，长及膝下。纹饰多取自大自然，常用的纹饰：尖尖花（羌语"尖尖"）、牙签花、蝴蝶花（羌语"牵贝贝"）、锯子花（羌语"甘泽术"）等，还有蝴蝶花与云云纹或不同线条（羌语"拉吴尺"）与云云纹的组合。工艺以挑绣为主。而平时劳动时用的围腰颜色素雅，色彩单一。

棉质绣花围腰
实物由休溪寨王双香提供

用料近70厘米。手工绣制。锁边之后绣花，先绣四角，从底端往上绣，再绣正中大方块，以团花为主，最后加边带。3—12月完成。

5. 腰带

羌语"姿"。色彩多样。平时用单色、无流苏的腰带。节日必备流苏的腰带。质地为棉、绸或涤棉。

6. 裤

羌语"冉西得"。据村民介绍，最早是腰上系麻绳，穿上裤子后，直接穿过麻绳再翻下捆扎好，裤子用麻布制作，宽脚直裆，裤脚宽30—40厘米，仅及膝盖下，冬天扎入绑腿内防寒；之后是裤子锁边，其间穿入麻绳，可方便系紧裤子。新中国成立后，有了布料制作的裤子，系以棉带，样式如旧。20世纪70年代逐渐开始穿现代长裤，样式如汉族长裤，用各种布料制作，喜欢黑色、蓝色棉布，忌讳白色。或从市场购买。

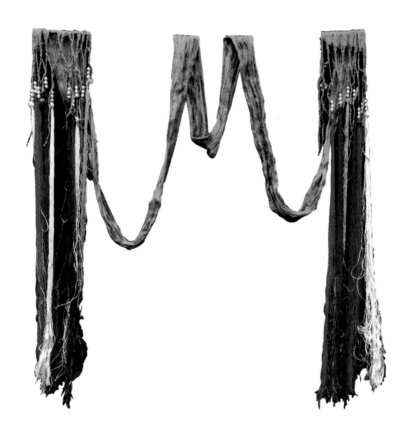

丝质流苏彩色腰带
实物由余素华提供

绿色、丝质、长360厘米。
流苏八组，分别为白、红、粉、黄、紫、绿六色。

7.绑腿

羌语"曲珠地"。人们从会走路就开始使用。麻或羊毛制作。女式绑腿要长于男式，起御寒、防荆棘的作用。按年龄分，老年人喜欢用毡子织成的绑腿，有的单腿就要用两根，十分保暖。40岁上下的人用麻布制作的绑腿，耐穿。近年来，麻减少后，多用布绑腿，轻巧、柔和。尽管人人至少有一副绑腿，但使用率减少，只有老年人常用。

每根绑腿约200厘米长，16.6厘米宽。用时男女缠法不一。男式从膝盖往脚踝缠绕，越缠越紧。女式则由下往上。依照个人习惯，有的人在腿部各缠一根毡子绑腿，也有的先裹黄白色毡子绑腿，再用黑布绑腿，最外加两根至少150厘米长的白色或黑色棉带。年轻人喜欢用红色或绿色棉带代替，以红色为多。也有人在使用棉带前，用一米左右的麻绳捆绑，交叉打结。逢结婚时，男子必须用奶奶、妈妈、姐姐做的新绑腿，上缠红色棉带。

打绑腿

麻质绑腿

8. 鞋

羌语称"达结"。主要有草鞋、尖尖鞋和包包鞋。60岁以上的老人爱穿云云鞋，中年人和年轻人分别穿黑白素色和色彩各异的包包鞋。20世纪80年代后，许多人喜欢给鞋加胶底，以增加耐磨性。

草鞋，羌语称"搓黑"。分麻鞋（羌语"纱达结"）、玉米壳壳鞋（羌语"玉麦搓黑"）和树皮草鞋（羌语"坡让别达结"）三种。其中，麻鞋以麻绳做鞋帮和后跟，有"耳朵"，其上两根一米左右的长绳往上收，捆绑时连同绑腿一起拴在腿上。男性的麻鞋用火麻制成。玉米壳壳鞋用玉米的包衣晾晒后织成。树皮草鞋用白杨树皮制作。

尖尖鞋，羌语称"尖尖黑"。用麻或棉制作，有绣花与素色两种。

女性穿绣花尖尖鞋。主要用在两种场合：一是日常穿着，小孩能走路即可以穿此鞋。二是特殊场合，即结婚时穿。新娘出嫁当天，穿红布底绣花尖尖鞋，鞋纳底3—5层，由新娘亲手制作。拜堂时，新娘穿黑底绣花尖尖鞋，要行踩碗仪式，表示带来福气。

素色尖尖鞋主要在办丧事时穿。若老人去世，亲戚都要穿素服，着素色白底鞋。

男式尖尖鞋即是云云鞋。特点在于鞋尖和后跟部位用獐子皮（羌语"切日计别"）制作。颜色素雅，黑白搭配，有云纹图案。在过节、婚庆等重大活动时穿。

女性在10岁以后开始学做鞋，直到出嫁。期间可以做100—200双，当地按"背"计算，一背篼装10双，可有10余背篼。结婚时，鞋子会背到婆家去，表示新娘心灵手

女式尖尖鞋

巧、勤劳能干。

制作工艺：第一步，鞋帮用废弃的衣料布边制作，铺上三层，表面的一层保持完整，用针线大针地缝合在一起。第二步，剪鞋帮样，按照实物剪样，一双鞋要四片样。第三步，用纸剪花样，先用白纸折成大致的花形大小，再剪成需要的花形，贴在做好的鞋帮上，根据花形绣花。第四步，两片鞋帮对合。特别要缝好前部尖尖部位。第五步，准备结实耐用的鞋底。一般三至七层，从最底依次用麻包布、笋子壳或玉米壳、布。第六步，缝合。用手搓的麻线纳鞋底，使之与鞋帮相合。

包包鞋，羌语称"包包黑"。即圆口绣花布鞋，鞋前部无翘尖。过去本地女性不穿，但现在穿的人较多，纹饰以各式花样为主。男式鞋的纹饰有的以云纹或"寿"字组成。

鞋垫，羌语称"吉次达查散"。由女性绣制，当地称"扎花"，有的直接在鞋垫上绣制纹样，也有的用画笔画好花样再绣。常作为信物，送给男性。

云云鞋

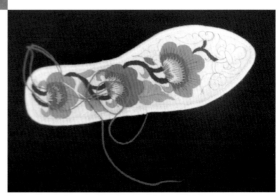

鞋垫

（二）羌锋型服饰

羌锋村隶属汶川县绵虒镇，位于岷江河畔干旱河谷地带，距离汶川县城18公里。绵虒镇共辖14个村，总人口7500余人。耕地除岷江沿岸有少数平地外，多分布在海拔1100—2200米的高半山和高山，农业主产玉米、小麦、马铃薯，工业主要有采石和石料加工及小水电。羌锋村有189户，800多人。能说羌语的占全村人数的95%。该村妇女均会绣工，刺绣精美，讲究针法排列和色彩搭配，做工精细，图案工整对称，被文化部命名为"羌绣之乡"。

羌锋型服饰包括汶川县龙溪乡、雁门乡、绵虒镇，理县桃坪乡等地，服饰样式大体一致。其特点以包头为主，着长衫、羊皮褂，系半襟花围腰，穿绣花鞋或云云鞋。羌锋的围腰以绣工精湛、图案工整、布局有序而出名。

地震前的汶川县绵虒镇羌锋村〈汪青玉 摄〉

汶川县雁门乡萝卜寨村民在闲暇之余绣花〈耿静 摄〉

汶川县绵虒镇羌锋村的妇女绣花

1. 头饰

　　男女均缠头帕。老年人缠白色头帕，将头发全包，头顶不留一丝头发在外，头帕高耸于前额，显得端庄朴实。青壮年缠黑色头帕。头帕均用1.2丈的布料一剖两半制成。

2. 长衫

　　（1）男式长衫：为无花边的素色右衽长衫。

　　（2）女式长衫：右衽，镶边，3盘扣。棉布长衫，以蓝色为多。

男式棉布长衫
实物由羌锋村汪秀花提供

领高3厘米，领长38厘米、右衽、3盘扣。
胸围110厘米，长衫下部50厘米处侧开衩。
下摆168厘米，身长118厘米。
袖长52厘米，袖口18厘米，无任何绣饰。

女式棉布长衫
实物由羌锋村汪秀花提供

领高3厘米，领长34厘米，右衽，3个盘扣。
胸围108厘米，长衫下部42厘米处开衩。
下摆152厘米，身长106厘米。
袖长48厘米，袖口16厘米。斜襟及袖口贴花装饰。

汶川县龙溪乡的羌族女孩〈耿静 摄〉

女童长衫及领口
实物由羌锋村汪秀花提供

粉红色，缎面质地。
衣长94厘米，领高3厘米。
胸围96厘米，袖长40厘米，袖口14厘米，袖笼24厘米。
下摆65厘米，衩高45厘米，纹饰宽6厘米。

3. 腰带和飘带

男式腰带系手工织成的黑白色腰带。绣各种纹饰，当地称"字"。一面为黑底白字，一面为白底黑字。

女式腰带一面为白底红字，另一面为红底白字，两边有红、黄、白、黑、绿色。

当地人还将此腰带用于背负孩童，认为具有辟邪驱灾的作用。

女式飘带有两种绣法，一种称"撇花"，属于双面绣；一种称"暗花"，只有一面为正面。纹饰有吊吊花、兰草花、尖菊花和圆菊花等。制作一对飘带需耗时半月。

男女腰带

男式为黑白色，长208厘米，两端流苏各20厘米长，宽5厘米。
女式为彩色飘带，长192厘米，两端流苏各25厘米长，宽5厘米。

飘带及局部

4. 围腰

（1）女式：有满襟或半襟两种围腰。黑布或蓝布为底，白色架花工艺，图案排列有序，色彩搭配合理，制作精良。中老年人用黑布为底，两个绣花包特别鲜艳突出，可全彩绣也可白线素绣。

（2）男式：围腰图案不多，突出荷包装饰。围腰下部有开衩，并有方格纹饰。关于开衩，当地人有"男当家、弟兄老小要公平，中间要拉平"的说法。

女式蓝底满襟围腰

棉布材质，收藏于羌锋村民家，制作时间不详，已传三代人。蓝底白棉线素绣，工艺精美，图案对称，正中盘扣为"寿"字，装饰巧妙。

女式蓝底满襟围腰

女式黑底彩绣围腰

长73厘米，宽68厘米，中间包长38厘米，宽32厘米。
包包下部绣花称"吊吊花"，有子孙健康成长之意。
下部正中"八桃拜寿"图，由尖菊花和圆菊花等组成圆形
团花，寓意美满。飘带单边长74厘米，宽5.5厘米，由3组
图案组成。四角讲究对称，有角花、蝴蝶纹饰。

女式黑底彩绣围腰局部

女式黑底素色棉布围腰及局部

腰带单边长80厘米，带21.5厘米处有绣饰。

带宽4厘米。围腰长70厘米，宽66厘米。

中间两包长38.5厘米，宽28厘米。

纹饰对称排列。此围腰不分老幼，妇女若穿彩色长衫，

搭配素色围腰；如素色长衫，搭配彩色艳丽的围腰。

男式黑底彩绣围腰及局部

黑布为底，长72厘米，宽74厘米。
正中有两个荷包，包长37厘米，高19厘米。
彩绣，纹饰对称，下中开衩，衩高9厘米。
开衩处有正方形绣饰，边长7厘米。

4. 鞋

（1）男式：分朝鞋、云云鞋和包包鞋
三种。

朝鞋，主要在劳动时用，黑色素色圆口
布鞋。

云云鞋，有云纹装饰。

包包鞋，用棉布与笋壳制成。鞋尖装饰
"寿"字。鞋帮用云纹与兰草组合装饰。主
要在喜庆时穿着。老年人穿的颜色素雅，年
轻人以黄色等彩色为主。

（2）女式：女性穿绣花鞋，忌讳穿净
白色鞋。绣花鞋主要有尖尖鞋和朝鞋两种，
尖尖鞋的鞋尖略往上翘，有菊花等图案，在
过节或平时穿。朝鞋为圆口鞋，有桃花图
案，只在平时穿。喜事和丧事所用的绣花讲
究"路路"花，即花、叶要整体相连，以图
吉利。

男式包包鞋

女式绣花尖尖鞋与朝鞋

（三）黑虎型服饰

黑虎乡位于茂县西北部，距县城28公里，岷江从北向南流经其东部边缘，黑虎沟由西而东，横穿乡境，在松溪堡汇入岷江。最低海拔1800米，最高海拔4008米。全乡人口2433人，居住于海拔2000—3000米的高半山，99%村民为羌族。辖小河坝村、霭紫关村、耕读白吉村、巴地五坡村。其中，小河坝村鹰嘴河组内碉楼众多，壮观雄伟，已列为全国文物保护单位。

黑虎型服饰仅分布于茂县黑虎沟一带。男女服装以头饰、长衫、长裤、羊皮褂、绑腿、腰带、绣花鞋为主。长衫较为素雅，多在右衽斜襟上装饰。其女性头饰极具特色。以戴"万年孝帕"和"虎头帕"出名。当地女性在十三四岁时开始学习纺织，包括绩麻和麻毛制品的纺织，同时学习绣花和服饰制作。

黑虎乡村民〈耿静 摄〉

黑虎群碉〈余耀明 摄〉

1.头饰

男女均包头帕。妇女头帕十分特别，分两种：

"万年孝"头帕。传说，黑虎羌寨最早叫黑猫寨，人民过着与外界隔绝的生活。明末清初时，寨子里出了名大英雄，羌名格鲁丛宝，汉名杨国龙，因为抵抗异族侵略而英勇牺牲，被称为黑虎将军。为了纪念他，寨子从此改名黑虎寨，并建有庙宇，每年农历四月初八，要请释比超度亡灵，人们均穿白色服饰到庙里祭祀。而且所有女性要戴白色孝帕以表崇敬之心。相传白头帕要戴万年，

故被称为"万年孝"。

黑虎寨妇女在婚后的第二天即换成该头饰。

材料：过去由麻线纺制成素白色麻布或牛、羊毛织的毡。现购买白棉布制作。由两条白头巾组成：一条为长条形，缠绕在头部并坠在脑后；一条为长方形，戴在头顶。

发式：头发梳成两辫分盘于头顶，或绾成高髻，有固定头帕的作用。

包法：长条头巾作为内层，在头上缠绕一圈，中部盖于前额，两端在脑后交叉后自然垂下。另一条作为外层头巾，折叠成长方

黑虎乡妇女〈耿静 摄〉

形搭在前额至头顶，再将长条头巾交叉缠绕几圈，用于固定方形头巾，两端分别打结后自然悬挂于脑后，长度留至背心处，最后把外层头巾的尾部从后右侧插入前额的头巾内即可。

茂县羌族博物馆提供的两条白色棉布头巾实物中，长方形头巾长30厘米，宽28厘米；长条形头巾长170厘米，宽30厘米。

虎头帕。为新娘和老年妇女佩戴。

黑虎寨的妇女在结婚之时，要将白色头帕包裹在里面，佩戴黑色三角头巾，两端订红色宽带，底端坠以五色彩带和银铃铛做装饰。结婚后就将这块头巾珍藏起来，到了老年偶尔佩戴。

材料：黑色、红色的纯棉布、银质或铜质的铃铛。

包法：先用白色头巾包头，再把虎头帕包裹在白头巾上。

虎头帕

戴虎头帕的妇女

2.长衫

黑虎服饰非常素雅。女子喜穿天蓝色满襟长衫，以各式线条为滚边，或盘结成"万字"花纹为前襟装饰。

女式蓝色长衫
茂县羌族博物馆提供

右衽，以黄、红两色布条盘结成"万字"纹、"八结"纹做装饰。
袖长138厘米，衣长112厘米，胸围52×2＝104米。
下摆66厘米，袖笼23厘米，袖口16厘米。
领长40厘米，领高3.5厘米，衩高56厘米。

3.坎肩

中老年坎肩
茂县羌族博物馆提供

蓝色棉布里子，黑面，对襟，5扣，两边开衩。
衣长54厘米，肩宽32.5厘米，胸围100厘米，下摆54厘米。
袖笼26c厘米，领宽10厘米，领高8厘米，衩高10厘米。

4.鞋

（1）女式尖尖鞋。鞋尖微翘，有鞋襻，通体饰以彩绣，个别素绣与彩绣结合。与羌族其他地区相比，一是在绣法和图案上有差别，特别是鞋面上的"胡蚕豆花"图案，属黑虎乡特有。黑、白两色对比强烈，整只鞋用色最多的就是黑、白两色，以黑线绣底白线钩边；二是鞋口较浅，露趾丫，和三龙等地的鞋口相差3厘米左右。

尖尖鞋
羌寨绣庄李兴秀提供
鞋面由黑、白、黄、粉、绿等色丝线采用齐针绣的方法制作而成。

（2）女式圆口鞋。主要在平时生活和劳动中穿。整个鞋面的图案分为两部分，脚面部分主要为平绣花卉图，鞋跟部分为挑绣几何纹，色彩搭配随意、亮丽。图案主要由花卉纹和云纹两类构成。鞋底由3—5层厚布纳成，边缘包裹五色布条，鞋底用麻布包裹，现在为了劳动方便及防水，鞋底换成了胶底。

圆口鞋〈耿静 摄〉

（四）三龙型服饰

三龙乡位于茂县西北部。全乡幅员面积230平方公里，辖勒依、纳呼、卓吾寨、黄草坪、富布寨5个行政村19个村民小组，有居民108户，3584人，分散居住于海拔1700—2800米的高半山地带。

这里的服饰与茂县回龙乡及洼底乡、白溪乡的黑水河东岸一带服饰接近。服装以头饰、长衫、长裤、羊皮背心、腰带和绣花鞋为基本特征，男系鼓肚子，女系围腰。女性两种头帕独特，与鞋、袜一样展示出精湛的绣花工艺。

三龙乡村民在跳沙朗〈耿静 摄〉

三龙乡纳呼村合心坝寨一隅〈耿静 摄〉

1.头饰

头帕以黑白色为主，白色为孝帕，可长期戴。妇女春夏秋季包绣花头帕，冬季包四方头巾，上绣各色图案，再外缠绣花头帕。

（1）绣花头帕。羌语"瑰巴"。女性春夏秋季或喜庆时使用。戴法：将头帕折叠至一掌宽，规则地缠在头上，将帕端的花饰露在外面，显得雅致而庄重。

女式包头帕
茂县羌族博物馆提供

总长222厘米，宽32厘米，用彩色丝线绣制，绣饰长22厘米。分三组图案。第一组为花朵与蝴蝶图，以锯齿纹镶边色彩明艳。采用纳花工艺。第二组为波纹，布局对称、连续、色彩以红、绿、粉、黄、红、蓝等色带交替，采用挑花工艺。第三组以白线素绣回纹，采用十字绣工艺。制作极其精美。

女式包头帕及细部
茂县羌族博物馆提供

头帕总长222厘米，宽36厘米。
彩色丝线绣制。绣饰长20厘米，图案精美，第一组花朵繁多。
图案饱满、明艳；第二组规则色带上连续黑色菱形与花纹结合，
桃花工艺，起过渡作用；第三组以白线素绣花草，采用十字绣
工艺。

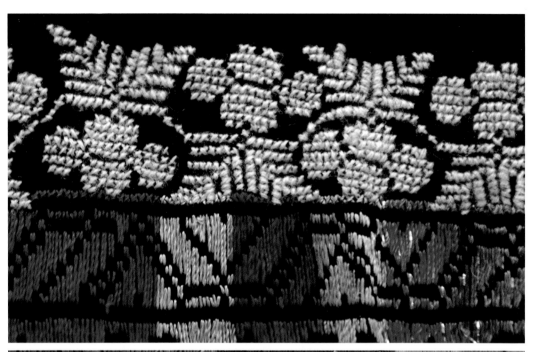

女式头帕及细部
茂县羌族博物馆提供

呈长方形，两端用彩色膨体纱线绣制。
总长230厘米，花饰占30厘米，黑布长200厘米，宽36厘米。
两端花饰图案一样。各分三组、第一组为花朵，布局紧凑，彼此有藤相连，色彩明艳。采用纳花工艺。第二组为回纹图案，布局对称，色彩以白、红、粉、蓝、绿色带交替，采用挑花工艺，显得含蓄，与第一层形成对比。第三组为蝴蝶花，以白色为底点缀粉红、色彩明快，采用平绣工艺。

女式头帕细部

女式头帕细部

（2）四方头巾。羌语"桃桃"。女性在冬季使用。边长64厘米。图案装饰在一角。

戴法：头发绾髻；将头巾对折，露出团花纹饰，压住前额，包头系紧，再用绣花头帕缠绕，既耐寒又漂亮。

制作工艺：将黑布裁剪为四方形，锁边2厘米，对折为三角形；在镶边上绣花。过去先画图，用麦面水调和后用竹签画样，现在直接用画笔操作，绘制七盘花（羌语"得园拉巴"）、梅花（半边梅）和云花（羌语"日达拉巴"）；再在三角绣主体团花，以牡丹花为多，最后绣边花，多采用十字绣，饰以梅花、羊角花和蝴蝶等。

2. 长衫

长衫，多为天蓝色，年轻人喜欢的鲜艳多彩，衣襟和袖口绣黄色的"万字格"。系黑色腰带。

四方头巾〈耿静 摄〉

女式棉布长衫局部

女式棉布长衫
茂县羌族博物馆提供

右衽大襟，4指宽纹饰，3颗单盘扣。
衣长115厘米，领高4厘米，领长35厘米。
袖长142厘米，袖口15厘米，袖笼30厘米。
胸围120厘米，下摆75厘米，开衩60厘米。

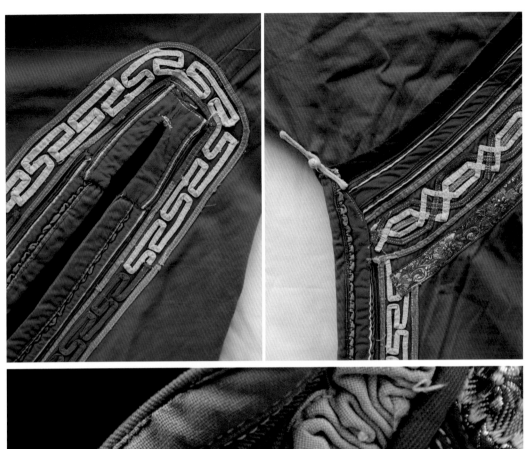

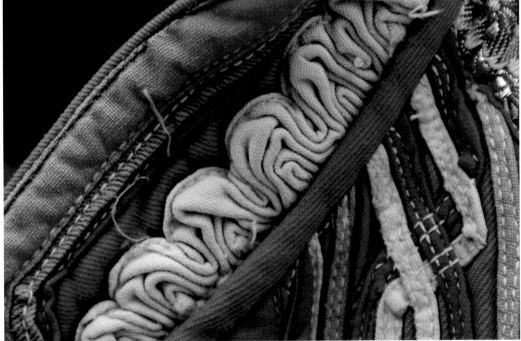

女式棉布长衫局部

3. 坎肩

　　有羊皮褂和坎肩两种，羊皮褂与其他地方类似，坎肩由棉布、灯芯绒等原料制作，样式简洁，双层，起保暖作用，中老年妇女喜爱穿着。

女式丝面坎肩
羌寨绣庄提供　〈耿静 摄〉

由茂县白溪乡罗顶寨张和琼母亲缝制，略有破损
背心正面和背面均为丝线绣制的"凤穿牡丹"图案
侧面是花格布，两侧开衩。
肩宽30厘米、衣长63厘米、胸围94厘米、下摆106厘米。
袖笼27厘米、衩高12厘米。

4. 腰带、飘带及围腰

黑色麻质腰带
茂县羌族博物馆提供

总长260厘米，其中，流苏40厘米，净长220厘米，宽22厘米。

飘带
四川省博物馆提供

由四川省民族事务委员会1959年征集。

女式蓝底满襟围腰
茂县羌族博物馆提供

收集于三龙乡。制作时间不详。
棉布质地，云纹装饰领口位置，并用银扣与领口相连。

5. 袜、鞋垫及鞋

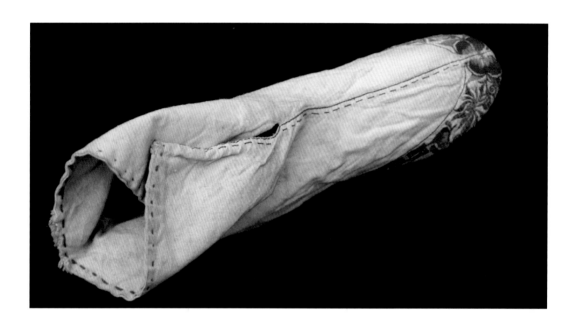

男式绣花布袜
茂县羌族博物馆提供

以白色棉布制作，底布及边缘绣花，既美观又耐磨。
筒深（高）20厘米，直径15厘米。
脚掌长25厘米，前脚掌宽10厘米，后跟宽6厘米，脚背上
方开衩。

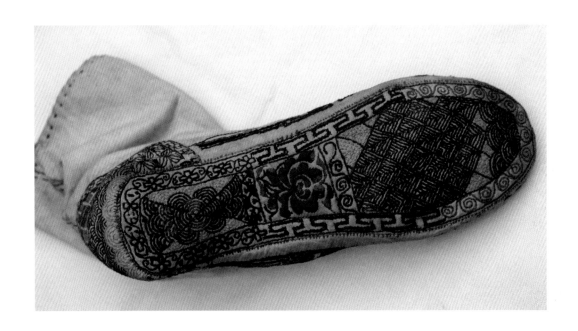

定情鞋垫〈杨成立 摄〉

偏耳子凉鞋：羌语"聚珠花"。男性夏天穿着。过去用麻绳及草编制。现以麻绳及棉麻布制作，饰以彩色毛线球及绣花，色彩鲜艳、醒目。

云子鞋：羌语"云子珠合"，又称"云云鞋"。男性在节庆及休闲穿着，鞋有鼻梁，均为彩色云纹图案。

男式偏耳子凉鞋
羌寨绣庄提供〈耿静 摄〉

云子鞋
茂县羌族博物馆提供

白溪乡云子鞋，镶边四层麻布底鞋，云纹与花饰结合。
从上至下颜色为黄、红、绿、白。鞋尖有"梁"，
以羊皮制作。带鞋袢。鞋帮花饰为组合式图案。
分三部分，前部为花，在黄色底布上绣玫瑰红花朵，
配以绿叶；中部为如意云纹，后帮亦绣花，花朵略小，
色彩与前部呼应。

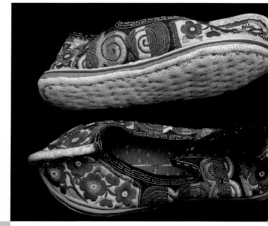

尖尖绣花鞋

实物由羌寨绣庄提供〈耿静 摄〉

下图左：实物来自白溪乡罗顶寨，羌语"珠花"。
有60年左右的历史。用彩色丝线绣制鞋面，有鞋尖，
"梁"较短、系用线反复加固而成。黑布为底，局部彩
绣，颜色醒目，与沿口点缀相呼应。底有两层。

下图右：实物来自白溪乡沙坝村，提供者于20世纪80年
代收藏。用彩色丝线绣制鞋面、鞋的沿口用素线精心编
织，与纹饰色调对应、耐磨。鞋面的云朵花采用齐针
绣、鞋尖上部有单色线绣制的"万字格"图案。

（五）纳普型服饰

永和乡位于茂县西北部，距县城所在地凤仪镇22公里。辖道财、木耳、永和、纳普、牧场5村16个村民小组，有3814人，均为羌族。纳普是其中的一个村，有200余户，居住在海拔1800米的高山上，保存着完好的传统文化。

此地服装中，男装以长衫、长裤、绑腿、腰带、鼓肚子、绣花鞋为主；女装以头饰、彩色（紫红、天蓝、淡绿）长衫、长裤、腰带、背心、绣花围腰、彩色飘带及绣花鞋为基本特征。独特之处在于：妇女喜欢包环状遮颜的白圈头帕，缠红绑腿。茂县沟口乡、渭门乡一带服饰与之近似。相比而言，渭门一带更注重围腰、布褂、裤腿的局部刺绣，纹饰多样，雅致而俏丽。

1.头帕

男式：黑白布各1条，长396厘米，内白外黑包头。

女式：

（1）已婚妇女：包白头帕。羌语称"雪帕"。最早用"巴掌宽的麻布头帕"缠在头部。后来缠黑布头帕，样式如旧，"妈妈辈都戴过，颜色也有白色"。现在全部用白头帕。选料用高弹面料或棉布，从县城购买。

永和乡妇女服饰〈耿静 摄〉

长891厘米，最长的有1000厘米，宽40厘米。

发式：将头发梳顺，束发，可留刘海儿，也可以不留。用300厘米红线（其他颜色也可）紧紧缠住；发簪正面向内插入发内，用红线的尾线固定，发簪与束发呈T字形；把束发分成两股，先后拧紧往发簪上缠绕，使之成髻；罩上自制发髻网，将发簪翻面即成。

发髻网：羌语"各麻丢"。由内到外制作，颜色鲜艳，依次是黄色、绿色、玫瑰红色、黑色。将手指粗的竹子（羌语"木吾"）剖成四片，围成圆圈，用各色棉线编织，逐渐内敛而成。边线随意。

头帕包法：主要分三步。第一步，定位置。将头帕的头尾确定，头宽尾窄，尾端用白细线固定，起防滑作用。第二步，把头帕除头尾部分外的其他部分叠成四折，约三寸宽，用大针线缝合在一起，起固定作用。第三步，把头帕最开始的部分在左边翻卷，再搭在头上呈一匹瓦状，顺势再围绕头部进行缠绕，方向不固定，可从左至右，反之亦然。边缠边整理，保证所缠部分整齐，缠成饼状，直至尾部，用针或橡皮筋固定即成。

（2）老年妇女：包黑色头帕。羌语"卢帖"。样式与已婚妇女一样。

（3）未婚女性：发式梳成双辫，不包头帕。请当地会算日子的人（羌语称"日得刷莫"）选日子，确定婚期才包头帕。结婚当天包黑色头帕。

发式〈耿静 摄〉

永和乡妇女头饰

永和乡妇女头饰及坎肩

2.长衫与坎肩

长衫与三龙等地的长衫接近。

坎肩,又称褂子。对襟、无领,系在黑色棉布或绒布上,呈环状镶边,用数层贴花与绣饰相配合,宽窄不一而连为一体,与肩齐宽。有的女性还喜欢在四周加上金黄色流苏。

常用的图案有:羊角花、石榴花、海椒花、圆菊花、海棠花。

坎肩
四川省博物馆提供

1959年由四川省民委在永和一带征集。

3. 围腰和飘带

围腰有满襟围腰和半襟围腰。满襟围腰为胸腹式，上端系挂脖颈，中间系腰后。老年人的满襟围腰颜色偏素，采用贴布绣花的方法制作。中青年人的满襟围腰比较艳丽，有各色花绣。围腰图案布局在中间和四角，有金瓜花、玫瑰夹桃花、核桃花、蝴蝶花、火钳花、豆腐干、锯子口。叠溪一带的满襟围腰均为素色围腰，永和、沟口、渭门一带的围腰与之不同的是普遍采用钩绣、白色丝线做边，彩绣花纹图案在中间。飘带的绣法多样，可以是挑花、纳花。但只选其一，并不混用。

半襟围腰
羌寨绣庄提供〈耿静 摄〉

黑布做底。中部有两个荷包，围腰底部两角有嵌针。
绣黑白梅花图案装饰。图案可重叠也可不重叠。
并排的两个荷包可大可小、无标准尺寸。
图案多为"圆菊花"，颜色深浅没有明显的过渡。
但对比强烈、花纹图案颜色两边浅中间深。
上宽57厘米、下宽60厘米、高56厘米。
并排的两个荷包长29厘米、宽18厘米、角高(花边)27厘米、角宽(花边)27厘米。

满襟围腰

羌寨绣庄提供〈耿静 摄〉

收集于渭门乡。中青年妇女使用。
围腰上部、下摆两角、荷包都绣有彩花。
花纹颜色主要以黄、红、绿三种为主。
中间钉有银饰扣。尺寸：上宽23厘米，高81厘米，
下摆68厘米，中宽54厘米。
两个并排的荷包长32厘米，宽19厘米。

4. 绑腿

用红布绑腿，被称为"红裹脚"。分两层：第一层为毡毛，紧贴膝盖下小腿部位缠绕；第二层为白布条和红绑腿，先在膝盖和脚踝处缠一圈宽约7厘米的白布条，然后在中间部位缠上红色绑腿。

"红裹脚"

系绑腿展示，为突出颜色、白色布条以蓝色替代。

（六）曲谷型服饰

曲谷乡位于茂县西北部，距茂县县城凤仪镇70余公里。平均海拔高度2500米。辖区内有5个行政村，即河坝村、河西村、河东村、色尔窝村、二不寨村，16个村民小组，全乡总户数 572户，总人口2600人，以羌族为主。

该类型服饰风格涵盖了茂县曲谷乡、雅都乡、维城乡。另外，洼底乡、白溪乡的黑水河西岸一带与之接近。这一带的羌族居住在高半山，与其他地区相比，衣饰厚重，御寒性较强。头饰为搭帕。长衫长及小腿，颜色鲜艳，衣襟和袖口绣有简单的花边。腰带则多用羊毛线编织后染黑而成，两端有长长的流苏，喜欢挂针线包。不系围腰。一些村寨与藏族居住地仅一河相隔，彼此相处融洽，互为联姻，语言相通，喜欢戴珊瑚、玛瑙饰品。

曲谷乡羌族的居住环境

曲谷乡西湖寨村民

1. 头饰

（1）女式头饰：有绣花和银牌搭帕两种。

搭帕，俗称"一匹瓦"，羌语"西花子"。呈长方形，由绣花帕和整齐的内衬两部分组成。长30厘米，厚3厘米，各地尺寸相差不大，维城乡的略长3厘米。戴法一致，用中间细两边粗的发辫固定头帕，羌语称"辫子荷丝"，长128厘米，辫须长40厘米。在曲谷乡西湖寨，年轻女性的头帕绣饰有桃花（羌语"渥惹渥拉巴"）、羊角花（羌语"渥丝拉巴"）、喇叭花（羌语"荷拉巴"）等。色彩艳丽、对比强烈。日常生活用的绣花头帕上不加银牌。在结婚、重大节庆的时候戴有银牌的头帕。

银牌搭帕制作分三个步骤[1]：

第一步，制作绣花帕。以额头方向为前方。从前到后架十字花，分为3组8路，颜色自由搭配，通常选择红、黄和粉红色。选料用膨体纱线，艳丽而耐洗；然后四周绣边，纹饰简单，交替以粉红、绿、黄色为主；在两条红布条上镶银牌（羌语"额森"），按照前2后3的原则布局，缝至绣花帕上；也可缝上喜爱的花边。 第二步，做内衬。用200厘米黑布做底，将其对折后叠起，前后整齐，叠成8层左右长方体。前宽为窄，用手测量约一卡半，耳侧方略长，为两卡半。第三步，将事先准备好的绣花帕缝在内衬上面即成。

曲谷乡羌族女性绣花搭帕

长30厘米，宽25厘米，厚4厘米

维城乡妇女银牌搭帕

长28厘米，宽23厘米，高2厘米

---

① 访谈对象：茂县维城乡四瓦村王芝瓜等。

戴法：用时，先将头发辫成两股，在尾端接上深蓝或浅蓝发线，并以彩线固定；将头帕置于头上，摆正位置；先右后左将发辫反向绕头帕，绕2或3圈，至后颈上部交叉打结固定，尾线插入两边发线，留少许辫丝垂于耳际；再在发辫上插上镶有珊瑚的银制花瓣，羌语称"额丝摆"，意思是"发辫上的花朵"。现在，许多人只需将头发缩成髻，用购买的带有银色花瓣的发线缠绕头帕即成。

（2）男式头饰。男士头饰有四种，一是黑色棉布头帕，羌语"妥妥"，长约400厘米（当地村民一般说"1丈2"，有的认为是因一年有12个月之故），以顺时针方向缠头；二是狐皮帽，羌语"一古艾德"，以狐皮制作，男女冬天佩戴，但男士居多；三是"波斯"帽，由羊毛毡压制而成，20世纪60年代以后开始使用；四是"金卡"帽，羌语"金卡布"，20世纪60年代以后从外地传入。

戴头帕〈耿静 摄〉

辫子长128厘米，辫须长40厘米

男式棉布黑色头帕

2. 长衫

男女长衫，羌语"毕吉古斯"。最早用麻制作，形制宽大、偏长，与茂县渭门、沟口、黑虎等其他羌区比较，要长5厘米，领低或无领。门襟、袖口、下摆均有纹饰，手工绣制，采用剪纸贴绣或挑花工艺，十分素雅。现在长衫面料多样，大多采用机绣。老年人的长衫以黑色为主，年轻人有蓝色、暗红等色。装饰花纹较多，特别爱用带有"狗牙"（或称"锯齿"）花纹的丝绸布镶边。

男式羊毛长衫及局部

曲谷乡男子

曲谷乡男子

曲谷乡男子

男式浅铁锈色麻布长衫及局部
茂县曲谷乡河西村西湖寨罗春香提供

由提供人母亲缝制。衣襟、袖口及衣摆略有纹饰。有领，3扣。
距今已有近百年历史，衣服保存状况较好。
尺寸：衣长113厘米、袖长45厘米、下摆70厘米、胸围110厘米。
袖口15厘米、开衩高52厘米、袖笼27厘米、袖长45厘米。
小襟长62厘米、宽24厘米、衣领长32厘米、高5厘米。

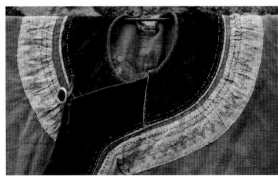

麻布长衫
2009年摄于茂县县城

茂县维城、雅都一带男子的麻布长衫背部右上方有特殊纹饰图案。如松林、水、山形、神塔等，系其妻所织，编织中加入羊毛彩线，以示祈福、保平安。

男式黑色彩边棉布长衫
北川县文化馆提供

2007年收集于茂县维城乡。右针襟以黄色与深红为主。
小立领、袖口以红色和浅绿或浅蓝镶边，粉色和浅蓝做滚边过渡。
衣长98厘米，下摆宽71厘米，领口高4厘米，肩宽62厘米。
袖长44厘米，袖口16厘米，针襟长38厘米，宽5.5厘米。

女式黑色金丝绒长衫
西湖寨罗春香提供

由提供人母亲缝制。距今近百年历史，衣服破损严重。
衣襟、袖口及衣摆以浅蓝色万字格、云纹、狗牙边等纹饰。
有3盘扣，无领。无领可方便佩戴银饰。衣长126厘米。
袖长51厘米，下摆83厘米，胸围100厘米，袖口18厘米。
开衩高55厘米，袖笼30厘米，袖长50厘米，小襟长71厘米、
宽26厘米。

女式青绒长衫
四川省博物院提供

曲谷乡黑钵寨王太昌1954年捐赠。
质地青绒、湖蓝色布镶边，边内缝锦缎、上有花纹。
里布为蓝色，无衣领。臂长124.6厘米，袖长53厘米，摆宽23厘米。

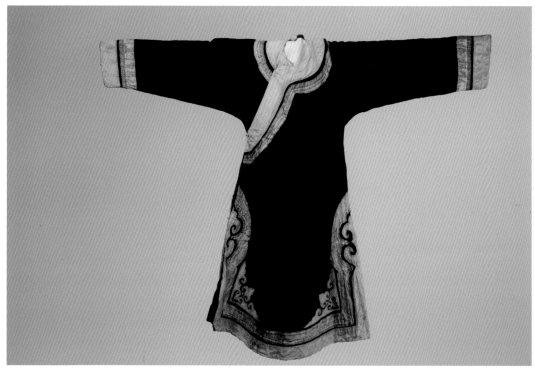

3. 羊皮褂及腰带

羊皮褂，适于中青年男女穿着。用盘羊皮制作，样式简单，无袖无扣，可两面穿，具有保暖避雨、方便劳作的功能。近年来，生活条件改善，穿羊皮褂的人逐渐减少。

腰带，羌语"尼侬"。长396厘米，男的缠两圈半，女的缠三圈半。颜色为单色，不加纹饰，以水红、黑、蓝为主。丧事时用白色。腰带两端有流苏。流苏用竹竿牵引，曾以毛线、丝线为主，现在用各色尼龙线，长50厘米左右，以编结法系成一排，起装饰效果。女性在腰带后面还要系10厘米宽、67厘米长的彩色飘带，上面均绣有各种花饰。走路的时候，垂于腰际的腰带与飘带左右轻摇，显得婀娜多姿。男士只在结婚或喜庆日系腰带。

羊皮褂及里部

女式腰带及流苏

〈耿静 孟燕 摄〉

黑色腰带总长375厘米，其中，流苏长50厘米，
宽15厘米，尼龙长50厘米，色彩各异。

4.裤、绑腿和鞋

裤，羌语"尺布"。女式长裤有黑色、红色两种，裤脚宽40厘米，长至脚踝部位。男式长裤多为白色，裤脚宽40厘米，由于要裹绑腿，长度只达小腿。

绑腿，用绵羊毛、山羊毛和麻纺织，起到防水耐寒的作用。男士绑腿长约300厘米，宽15厘米，女士绑腿有红色和白色两种，长约300厘米，宽约11厘米。

鞋，男穿云云鞋、凉鞋和绣花鞋三种。女穿云云鞋和花鞋。样式与其他地区相似。

男裤
四川省博物馆提供

由曲谷乡黑钵寨王太昌于1954年捐赠。黑色男裤、腰部为深蓝色，裤脚用白布镶边，并饰以万字格等纹饰。

凉鞋和绣花鞋
四川省博物馆提供

凉鞋由茂县曲谷乡黑钵寨赵兴权于1954年捐赠，绣花鞋
由四川省博物院于1954年在茂县曲谷乡黑钵寨收集。

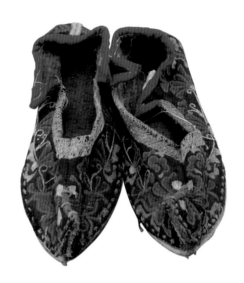

（七）叠溪型服饰

叠溪镇位于茂县以北60余公里岷江东岸。海拔2340米，幅员面积293平方公里，辖马脑顶、排山营、小关子、较场、烧炭沟、新磨、龙池、两河口8个村，有796户，3100余人，群山险峻，河谷狭窄，地势由东北向西南倾斜。

该服饰类型主要分布在茂县至松潘沿线，茂县北部的叠溪镇、石大关乡等地。

妇女头帕素色，多为黑色，无花饰，戴时不规则地缠绕在头上，状如蘑菇。长衫边饰不多，外套有领坎肩，系满襟围腰。围腰胸前和下摆绣有以白色为主的团花，其"游花"（串花）针法细腻，图案繁杂。有花腰带，穿花鞋，用绣花鞋垫。妇女还喜欢在家中的枕套、床罩上绣花装饰。

1. 头帕

无论男女均为素色。以黑色为主。包好后呈人字形，前高后低。

包法：头发绾成髻；从顶部开始，将黑布的一端放置在前额上部，右手执短边固定，左边带着长条布呈顺时针方向绕头缠绕，先紧后松，以八字缠绕即成。

叠溪镇居民的生活环境

2.长衫

男式：黑色或蓝色棉布长衫。

女式：20世纪80年代以来，普遍采用缎面制作长衫，缎面面料从县城采购，女式1件需用料333—400厘米。色彩多样，年轻女子喜欢红色、粉色、绿色、蓝色，劳动时也穿彩色的服饰。

3.坎肩

男性穿羊皮褂。

女性穿"领褂子"，无袖，有领，均为黑色，原料有麻、布、平绒、灯芯绒。

叠溪镇排山营村羌族妇女服饰

4.围腰

（1）满襟围腰。通体素色绣花，在与领部结合处以银扣相连。底布为蓝底或黑底棉布，用白棉线以串挑（链子扣/游花）针法制作。纹样种类多，如红梅、莲花、芙蓉花、单牡丹、兰草、石榴等。图案自由组合，寓意圆满吉祥，如凤穿牡丹、鱼儿闹莲、石榴款牡丹、蝴蝶踩牡丹等。

满襟围腰局部

满襟围腰

满襟围腰

满襟围腰局部

（2）半襟彩色围腰。在黑色棉布上绣饰，除了常见植物、野花外，还有动物图案，如龙、凤、鹿、熊猫、仙鹤、喜鹊、金鸡等。

围腰所用飘带（花带），约200厘米，有毡、麻、丝质，系在满襟围腰带子上。其中，毡带宽约13厘米，有的长达300厘米，可绕腰三圈，现在只有老年人能制作。绣花有挑绣、纳花、串花等工艺。

5.腰带、鼓肚子

男用腰带无花饰，黑色或白色。长约100厘米，宽33厘米，对折缠腰。女用腰带，颜色多样。

男性要系鼓肚子，系带上绣有纹饰，图案对称，有的以流苏坠饰。

6.鞋

鞋类多样，有凉草鞋、绣花鞋等。平时穿绣花鞋，鞋面通体满花彩绣，花纹以圆鹊花、尖鹊花、水仙、海棠花、海椒花、牡丹、羊角花、梅花为多。

飘带

女用腰带

鼓肚子

满窝子凉布鞋

羌寨绣庄提供

羌语"麻珠哈"。男用鞋使用范围在茂县叠溪镇及松坪沟乡、
太平乡、石大关乡。
由麻线手工编制而成，有三、五、七层彩色底，
颜色随意。分四部分，即耳子、夹子、后跟、鞋底。
其中，耳子即鞋尖的鼻子，上面有一个五彩线绣球。
夹子即鞋两侧，各由4根棉线带组成。

（八）镇坪型服饰

镇坪乡位于松潘县南部，与茂县接壤，在国道213线上，距离松潘县城所在地进安镇57公里。辖7个村。所处环境为高山峡谷地貌，以农业为主。村民多为羌族，与其服饰相似的地方有茂县松坪沟乡、太平乡杨柳村和牛尾村等地。

中老年人缠头帕，形状硕大，突显厚重。年轻人喜欢绣花搭帕。服装有长衫、长袍、长裤、背心、腰带、围腰、绑腿和绣花鞋。其中，男性普遍穿羊毛长衫，较为宽大，右衽大斜襟，无扣，袖口或下摆镶花边，穿时翻出前襟绣饰，系腰带。茂县松坪沟乡男子包黑色头帕，有的留有发辫，末端接蓝色丝线，从头帕左侧垂下至左肩，右侧插有三支雉翎。所着毡衫斜襟绣黄色黑底的回纹饰边，穿黑色对襟褂子，背部或前襟两侧贴有羊头纹饰，四周镶边。腰系绣花鼓肚子和腰带。裤子为镶有裤边的及膝中裤，方便绑腿。女性长衫的衣袖三分之一处有贴花装饰，背心均为斜襟，佩戴形制各异的银牌，围腰以满花装饰，色彩艳丽。

茂县太平乡〈耿静 摄〉

1. 头饰

（1）男性。包黑色头帕。但留有一独辫偏右垂于脑后，搭至胸前。

（2）女性。未婚女性不戴头帕。新娘在结婚时戴"一匹瓦"绣花头帕，上加红盖头。已婚妇女包黑色棉布头帕。头帕由两条约230厘米长黑布组成。梳好头发绾成髻，不留刘海儿，头帕呈顺时针方向缠绕，造型宽大且厚重，被称"剪刀帕"。50岁以上的妇女还有一种缠法，称"尖尖帕"，羌语"出曲帕"。

松潘镇坪乡男子头饰〈李星星 摄〉

松坪沟乡男子头饰〈卞思梅摄〉

剪刀帕
摄于松潘县镇坪乡立壳村

黑布头帕两端用膨体纱线，略为收边并装饰。
长158厘米，宽37厘米。

绣花头帕
摄于镇坪乡双泉村

头帕长36.5厘米，宽26厘米，厚1厘米。

松潘镇坪老年妇女包尖尖帕

茂县松坪沟乡的中老年妇女与小孩〈卞思梅 摄〉

2.长衫

（1）男式：有麻布长衫和棉布长衫两
种，花饰很少。现多着现代服装。人们在有
重要活动或节庆时穿着麻布长衫，并与白色
内衣搭配。内衣衣领为立领，镶红色滚边，
有两颗黑色盘扣，右衽，衣襟和袖口有简单
几何花边。麻布长衫罩在外面，长度及膝。
但只穿左袖，右袖自然垂于后部。衣襟边有
装饰图案，宽窄不等。颜色醒目艳丽，由
红、白、蓝、绿等色彩组成，如色带一般。

（2）女式：颜色鲜艳，红色、墨绿、
浅绿为多，少许粉红色。质地有麻、棉、
绸缎。低领，可将内穿衬衣衣领翻出来。
右衽，绣工少，镶约12厘米宽的几组彩色饰
带。三组双盘扣。衣衫较长，近脚踝。衣袖
中段、袖口和下摆装饰贴花。现在年轻人所
着长衫多在茂县县城购买。

松潘镇坪乡双泉村男子服饰〈李星星 摄〉

女子服饰

女式绿色棉布长衫及局部

镇坪乡双泉村七贵子提供

低领、领上无扣、斜襟10厘米位置有扣。
衣服下摆两角有灯芯绒制作的蝴蝶装饰。
中间有羊角图案。袖长138厘米。
胸围104厘米，下摆144厘米。
袖笼25厘米，领口13厘米，领高5厘米。
单边开衩，叉高52厘米。
下摆花边宽9厘米。
衣袖中部花纹宽8厘米。

蓝色棉布长衫
镇坪乡立壳村王少珍提供

老年人穿着，领口镶红边。在斜襟用绿色滚边，并用红布装
饰，有两颗盘扣。袖长160厘米。胸围112厘米，下摆160厘米，
袖笼25厘米。领口12厘米，领长34.5厘米。领高3.5厘米，袖口
宽13厘米，权高59厘米。小襟长56厘米，小襟宽25厘米。

3. 坎肩

女性穿棉布夹层褂子，分有领和无领两

种，斜襟，镶边。

夹层红褂子及银牌子
松潘县镇坪乡双泉村七贵子提供

袖口及下摆边镶有膅绒毛。均采用贴花装饰，黄色为主调，
间或有绿边。斜襟双扣上挂银牌子。
前部和背部中心有黑色羊角及蝴蝶装饰。
肩宽32厘米，胸围56厘米，袖笼28厘米，衣长60厘米，下摆50厘米，
领长42厘米，领高4厘米，衩高7厘米。

平绒黑褂子
松潘县镇坪乡立壳村王少珍提供

中老年穿着。平绒材质，有领、3颗盘扣，边饰为贴花，
主调为黑、红色，以窄花边过渡。肩宽30.2厘米，胸围58厘米、
袖笼28厘米、衣长56厘米，下摆50厘米，领口10厘米，领高3厘米。

4. 腰带及围腰

（1）腰带。手工制作，有黑色腰带和花腰带两种。宽3厘米左右，过去以纯羊毛制作，现在用彩色毛线编织。

女性粉红色腰带
松潘镇坪乡双泉村七贵了提供

女式腰带，用粉色毛线自制。
长300厘米，宽10厘米，流苏长50厘米。

（2）围腰。羌语"贞"。为半襟围腰，中部无荷包，只有图案，十字绣锁边，宽2.5厘米。腰部留有白色宽边，与绣花飘带相连。中老年妇女的腰带白色宽边不加任何绣饰，且围腰上绣饰很少，至多在中间加对称的细格斜纹。年轻人喜欢在白色宽边上绣花，围腰通体挑花彩绣。以几何图形布局，色彩搭配浓烈，以红、黄、粉红、绿交替搭配，再在周边略加装饰。约一个月的时间制成。

彩绣半襟围腰及局部
松潘县镇坪乡双泉村七贵子提供

腰带为白底绣花，宽9厘米，主体围腰长70厘米，宽45厘米，飘带长125厘米，飘带花边长40厘米。

素色半襟围腰及局部
松潘县镇坪乡立壳村王少珍提供

老年妇女所用。黑色做底，三边略为点缀，
仅在围腰正中纵向加以波纹。腰部为净白色，
宽58厘米，长68厘米，飘带有大朵花绣饰。
单根飘带长100厘米，上宽5厘米，下宽6.5厘米，
腰带长62.5厘米，宽9.5厘米。

5.绑腿

绑腿皆自制。先用白色毡子或棉布绑腿缠绕小腿，再在近膝盖处用彩色带子固定，显得结实粗壮。

6.鞋

鞋以圆口绣花鞋为主。盛装穿凉鞋。只有人去世后入殓时才穿尖尖鞋。

女性绑腿
松潘县镇坪乡立壳村王少珍提供

单根长168厘米，其中，穗长12厘米，颜色由蓝、红、绿组成、宽16厘米。

茂县松坪沟乡的男子绑腿及凉鞋
〈王海燕 摄〉

先用羊毛织成的白色毡子缠绕小腿，再系上绣有彩虹纹的方状护腿。用色彩缤纷的织花脚带固定。凉鞋由凉草鞋演化而来。

（九）大尔边型服饰

小姓乡是一个羌族人口占47%，藏族人口占38%，并与回族、汉族交错居住的乡。位于松潘县南，距松潘县城所在地进安镇约57公里。全乡辖大尔边、埃溪等6个行政村，有404户，1704人。长期以来，羌族和藏族隔河而居，彼此的生产及生活方式互为影响。因而，羌族服饰较其他羌族地区独特。

1. 头饰

分日常头饰与盛装头饰。

日常头饰有包头帕和戴围巾两种：

（1）包头帕：男女从18岁左右开始包头帕。过去用一条黑色头帕包头，羌语称"帕子列可"。现在普遍缠红色头帕，羌语称"帕子

很泽"，购于松潘县城。所说红色，实际是绛红色（羌语"月呗"），是当地人喜爱的颜色。红帕比黑帕长2/5。缠法：头发梳成双辫，帕子逆时针方向缠绕，也有交叉缠绕。

包头帕的老人

大尔边村一隅

（2）戴围巾：仅有汉语称呼。从20世纪70年代开始流行。从县城购买红色方巾或花毛巾。有两种戴法：其一，将方巾对折后，再从纵向1/3处对折，搭在头顶似瓦片，用双辫缠绕固定。其二，将方巾对折成三角形，包住头部，锐角部在额头的前或后，不露刘海儿。

现在年轻人不常用帕子和围巾，认为过热、太重，做事情不方便，只在逢年过节时才戴帕子。老年人喜欢戴帕子，在天气好的时候戴围巾。

盛装头饰，体现出浓郁的地方特点：

（1）女性头饰：羌语称"阿火密"，意思是"头上戴的"。主要由黄色蜜蜡和一串珊瑚珠组成。戴法：将红色头帕缠好后，加饰两圈蓝色发线固定，发线上缠满红色珊瑚珠，以蜜蜡点缀，发线有的被埋于发间，有的会缀于后背处。蜜蜡置于头饰右侧，一个或两个不等，数量视家庭经济情况而定，有的还装饰有其它银饰。

（2）男性头饰：20世纪70年代以来人们从县城购买头饰用品，用黑布或平绒包裹泡沫垫来代替长帕，外饰以双股交叉波浪纹贴花，装饰性强。有的正中点缀蜜蜡。特别的是在帕子正中处插野鸡尾毛，羌语称"吾里"，系男子打猎所得或亲友赠送，从10多岁开始佩戴。

女子头饰及侧面像

男子头饰

2. 衣装

主要有生活装和盛装。生活装即在劳动生产和做家务时穿的服装，颜色素净，衣饰简单，男性多穿现代服装，女性上身着长袖衬衣、坎肩，下身着半截垂及脚踝的松紧带黑裙，系自制腰带和黑色单面围腰。盛装即节假日或重大活动时穿的服装，男女各异，色彩明艳，具有民族特色和地方特点。

大尔边男女节日盛装

大尔边女性服饰

（1）先看长衫、长袍及内衣。

男式长衫：用羊毛制成，穿着时不穿长衫右袖，让之自然下垂，内穿斜襟内衣，与长衫相呼应。

男式长袍：羊毛制成。一般在外出办事穿着。

女式长衫：羊毛或棉布制成，彩袖艳丽美观。

内衣：羌语"满大襟"。男女皆穿。多用布料、绸或灯芯绒制成，颜色各异，以白色为主。小立领，右襟侧带扣，镶彩边，短腰，无开衩，袖长至腕处。冬季，老年人常穿红色、深红色或绛红色的毛衣替代衬衣。

男式长袍
小姓乡大尔边村除泽里提供

1970年制作。
主体颜色为赭石色，有绿色嵌黄色花纹的丝绸为领、右衽，前摆下方有黄色波浪状的花纹贴绣，呈"L"形。袖口装饰图案与斜襟一致。

男式羊毛长衫
小姓乡大尔边村除泽里提供

2007年制作。
无立领，右衽，斜襟与领连为一体，呈9字形。
直袖，下摆略宽。
领部与斜襟装饰纹饰、色彩艳丽醒目，
有四组红、白、黑、绿、黄、蓝和花布条组合图案，
镶红色和蓝色布边。

女式彩袖长衫及背部
小姓乡大尔边村陈泽里家提供

2006年制作。
系当地妇女普通盛装样式。
衣身宽大且长及至脚踝、斜襟、右衽。领正后方有花布做的呈长方
块状的装饰。袖口略窄于袖笼，上有白、蓝、大红、绿、玫瑰红、
黄、黑七色块布均匀排列的拼饰，每块布宽4　5厘米。衣服底边有
白色压边布，以黄、红等色布条为饰，红宽黄窄，在正面呈"L"
形。整个衣服色感美丽。

女式蓝底棉布长衫及背部

小姓乡大尔边村如妹磋提供

1990年制作

蓝底棉布长衫。无立领、右衽、大针襟、无盘扣。

领后有红色长方形布块为饰。

袖子由白、黑、大红、棕绿、水红、黄、黑色布条纹拼制。

领子及斜襟以黄、蓝、红、白单色条纹为图案，正面下摆有红、黄、黑三色的纹饰，呈"L"形，白色滚边。

（2）坎肩。当地称"马褂"。

女式绛红色马褂
小姓乡大尔边村除泽里提供

2005年制作。
小立领，分内外两层。外部由羊毛线织成，
镶黄色波浪纹贴边，内层为人造毛。

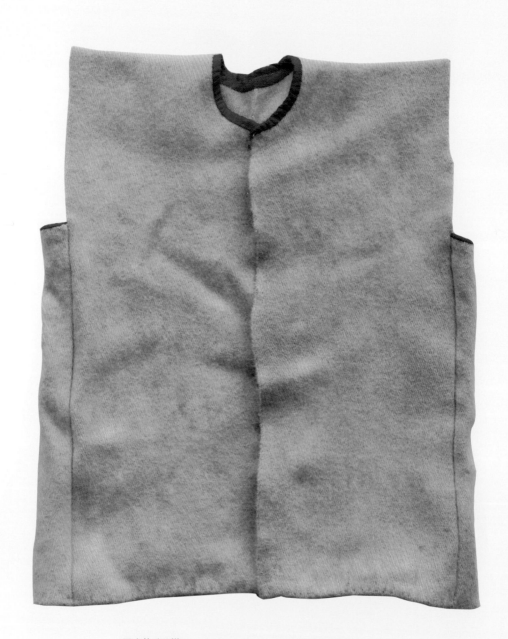

男式羊毛马褂
小姓乡大尔边村陈泽里提供

1990年制作。
制作工艺简单，用羊毛制成的毡子直接缝制而成，呈长方
形。正面开襟，仅挖出领窝并以红布条滚边。

（3）裤，羌语称"勒扎"。据调查，过去有直筒裤，以黑色棉布为主，仅及小腿肚，再用绑腿。20世纪70年代后人们喜着现代裤装，以深色为主。

（4）腰带、围腰。多以丝、棉或毛制成。男女均用。

围腰：当地又称围腰帕。仅日常生活用，素色棉布制作，半襟，方便生产及生活。

（5）绑腿，羌语称"绿得"。男女皆绑腿。羊毛制作。冬天起保暖作用。男女绑腿样式、大小、颜色、缠法都一样。缠法：从脚踝往上缠至膝下。单腿需要两根绑腿，缠好后，用5厘米宽的带子（羌语"勒扎"）装饰，带子由白、红、蓝、绿、黄等颜色的条状组合图案，两端有诸多色彩的花线为穗，既有系紧的作用，又有装饰效果。现在年轻人很少用，中老年人普遍使用。

（6）鞋。现男女普遍穿皮鞋、皮靴、运动鞋等。

草鞋，羌语称"扯或"。男女皆会手工编织，以柳条皮制作，在劳动时穿，现仅有老人能制作。

绣花鞋，当地称"晒海拉巴"，"晒海"是"鞋"之意，"拉巴"即"花"。过去无人制作，现在一些妇女会绣花，能制作。

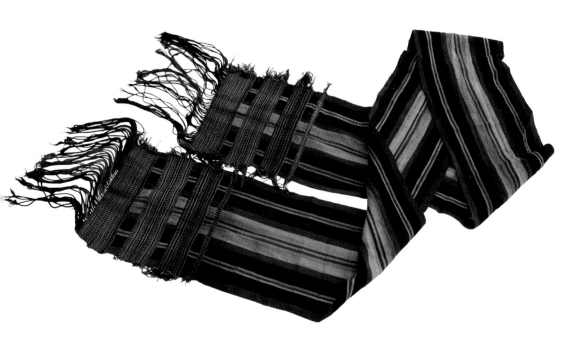

女用红黑腰带
小姓乡大尔边村嘎碛提供

1984年制作，棉线和羊毛混纺。

男用丝绸腰带

小姓乡大尔边村除泽里提供

2007年购置，盛装时使用。

男用羊毛绑腿

小姓乡大尔边村除泽里提供

2007年制作，一端有红、蓝、黄、黑的布条作为饰边。

（十）青片型服饰

青片服饰主要指涪江上游湔江流域的北川羌族自治县、平武县豆叩镇、大印镇、平通镇及平南、徐塘、锁江、水田、旧堡五个羌族乡、松潘县白羊乡，茂县土门、富顺、东兴等乡的羌族服装。由于历史和地理环境因素，该区域受汉族文化影响深，传统服饰仅在北川县青片河、白草河的高半山及沿河一带有保留。大部分地区着汉装。20世纪80年代以来，当地政府重视对羌族文化的挖掘、保护和传扬，越来越多的人喜着羌族服装。其面料多选绸缎，颜色以蓝色和粉红色为主，女性制作绣花布鞋，喜欢佩戴银簪、耳环等首饰。

1. 传统青片服饰

20世纪80年代，北川县青片乡尚保留了较为完整的羌族文化。村民大多穿自己种的苎麻加工织成的麻布衣裤、领褂等，外套羊皮褂，系腰带，腿缠麻布或毡子裹脚，脚穿草鞋。

（1）头饰：男性缠头帕，内白外黑缠绕。女性蓄长发，喜庆之时戴缠头绣花巾。

（2）衣衫：男子穿过膝的麻布长衫或黑色、蓝色的棉布长衫。年轻女性的长衫颜色较为鲜艳，主要有蔚蓝色、水红色、深红色的长及膝盖的上衣，谓之"外凸肩"。衣领、衣襟、袖口有绣饰或花边。

（3）男着羊皮褂或毡衫，罩于长衫外。女穿夹层棉褂。

（4）男子腰束羊毛或棉麻质地的挑花织带或缎带。系鼓肚子。

女性腰束一条4厘米宽的精致挑花腰带，

北川羌族男子〈李星星 摄〉

鼓肚子
实物由北川县文化馆收藏

清代制品，2009年收集于北川青片乡尚午村。分内外层，内层黑布，外层为白布。略成方形对折，做袋使用，系于腰间。图案以花卉为主，以黑色棉线绣制，针法多样。三角底长43厘米，腰长29厘米，高20厘米。

并系满襟围腰，当地称围腰子，图案丰富，顶端有银扣，艳丽夺目。

（5）男女皆用羊毛、麻布或布制的绑腿。男鞋有三种，即用山核桃皮、杨柳枝、椴木皮等与玉米壳混编而成的草鞋；园口素色布鞋；走亲访友时穿的云纹鞋。女鞋为钩尖绣花鞋。

2. 节日盛装

近年来，北川县充分利用自然资源和人文资源优势，大力发展旅游业。羌族民众的民族自豪感油然而生，积极参与民族文化的保护与传承。他们主动举办各种文化传承培训，了解传统习俗，学说羌语，练习刺绣工艺。穿羌族服装，材质均选用绸缎，色彩亮度高，醒

青片乡彩绣满襟围腰

平武锁江羌族（李星星 摄）

目艳丽。

（1）头帕：男包白色或黑色头帕。女性头帕与茂县三龙乡类似，简化的四方头巾与包头并用，纹饰简单，前有吊坠。

（2）长衫：长衫过膝。男式多选用蓝色或其它色系缎面长衫，配仿皮羊皮褂，上有羊角或云纹图案；女式大多为粉红色缎面，斜襟、袖口、衣摆、衣衩均有拼花镶边，配以黑色拼花带毛坎肩。

（3）鼓肚子和围腰：女用半襟和满襟围腰。半襟围腰仅及腿部，正中有一大荷包，上有大朵绣花图案，镶边；满襟围腰彩绣，颜色鲜艳。

（4）裤及鞋：男女着汉式裤装，或女性用粉色绸缎制成直角长裤配长衫；女穿绣花鞋；男着云云鞋，同时，穿购买的皮鞋、皮靴、运动鞋、布鞋等。

女式头帕
北川青片乡西窝羌寨苏成秀提供

为T形头饰帕。正面以泡沫包黑布缠头，长形帕直接缝制其上。帕正中绣有一大朵花，周边为贴花与之呼应。
前部长70厘米，宽6厘米，长形帕边长为36厘米和26厘米，花边宽3厘米。

皮鼓肚子
北川县文化馆提供

2009年新制，由"土猪子"旱獭皮制成。形似三角，周边有毛。最长边39厘米，高21厘米。

满襟围腰

北川青片乡西窝羌寨苏成秀提供

2001年制作

膨体纱线绣制，针法有纳花、平绣、层次感强。花形取
自芍药花、圆鹅花、太阳花、菊花等，荷包下有黄色流
苏。上边长17厘米，右斜边38厘米，右边高75厘米，下
边长70厘米，荷包边长分别是30厘米和23厘米，流苏长
10厘米，单边腰带长93厘米，宽7厘米。

满襟围腰
北川青片乡西窝羌寨苏成秀提供

局部运用"游花"针法，
下部以对称彩花绣饰点缀。腰带系白棉布彩绣，
上边长18厘米，右斜边34厘米，右边高69厘米，
下边长70厘米，荷包边长分别是33厘米和16.5厘米，
镶边宽2厘米，单边腰带长79厘米，宽6厘米。

（十一）纳布型服饰

纳布型服饰指四川省甘孜藏族自治州丹巴县所属小金河流域沿岸，太平桥乡三岔沟内的长胜店、丹扎、纳布村，岳咱乡的可尔金和半扇门乡的阿娘沟等地为主的羌族服饰。这一带的羌族有2500余人，与岷江流域的羌族有着一脉相承的渊源关系。据学者调查，其来源有两种："一是……'在清乾隆年间镇压大金川时，曾移置杂谷五屯到大、小金川为'屯练'，九子屯羌族被移置二十户到丹巴下宅垄的丹噶山下。'一种说法是任乃强在《西康图经》著述中的观点。他认为羌族屯兵进入丹巴应是在清嘉庆时。"[1]也就是说，此地羌族是

村民家中神龛〈耿静 摄〉

丹巴羌族聚居地之一〈耿静 摄〉

① 林俊华：《为大清戍守边防的丹巴羌族》，《阿坝师范高等专科学校学报》2005年第2期。

从理县九子屯一带移居而来，在嘉绒藏族地区居住已经有200余年的历史。

该地区的羌族自称"打玛布"或"甲卡布"。服饰文化上既保留有传统的内核，又受到周边民族影响，深深打上了嘉绒藏族服饰的烙印。"从其以蓝色为基调的服装和羊皮褂子上还能多少看到一点羌族的传统服饰外，其他与嘉绒藏族已没有太大的差异"①。《甘孜藏族自治州志》记载："羌族男子除常穿羊皮褂子外，抑或穿汉装或穿藏装。羌族妇女的服饰较男子复杂，穿棉制右开襟长衫，搭头帕，系围腰和腰带。衣服的襟边、领口用彩色丝线绣有图案。头帕用黑色棉布做成，两对角也绣有图案，用头发或假发与彩色毛线系在头顶，毛线上系有各种金银首饰。"

女式青色上马褂及局部
丹巴县王志强提供.
该服家传四代。右衽、缎面装饰领口、斜襟、袖口和双侧腰衩。

---

① 林俊华：《为大清戍守边防的丹巴羌族》，《阿坝师范高等专科学校学报》2005年第2期。

女式绣花丝绸围腰
丹巴县王志强提供

20世纪60年代收购于太平桥乡。

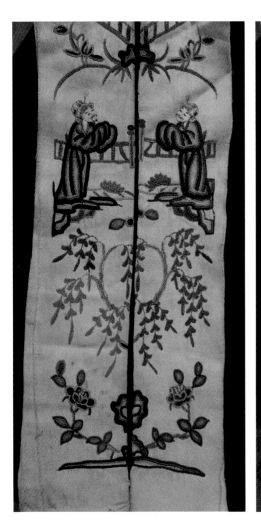

　　丹巴羌族男女大多数穿汉装，也有不少男子仍喜戴皮帽，穿长衫，披褂子，缠绑腿，挂烟杆，佩小刀。女子常穿毛呢长衫，搭头帕，戴耳环，穿裙子，系花带。

女性头饰
丹巴县王志强提供

发辫缠绕头部及绣花头帕，一端系彩色毛线，起固定作用，发辫上饰以五星、圆状或方盒形的银饰品，上点缀珊瑚和绿松石。

女式毛呢长衫及局部

丹巴县太平桥乡纳布村杨文德提供

用暗红色毛呢制作。领口、斜襟贴花装饰。有五
颗盘扣。

男式棉布长衫及局部
丹巴县太平桥乡纳布村杨文德提供

蓝色棉布长衫。领口、斜襟贴花装饰。

女式坎肩

腰带

百褶挂裙

百褶挂裙

百褶挂裙局部

百褶围裙及局部

女用围腰
丹巴县太平桥乡纳布村杨文德提供

围腰呈长方形、夹层；一面以红色缎面绣饰，再在腰部加白色棉布，以接腰带，另一端加浅蓝色缎面绣饰。另在褪裢上饰以银牌，再缝制于中段缎面围腰上。

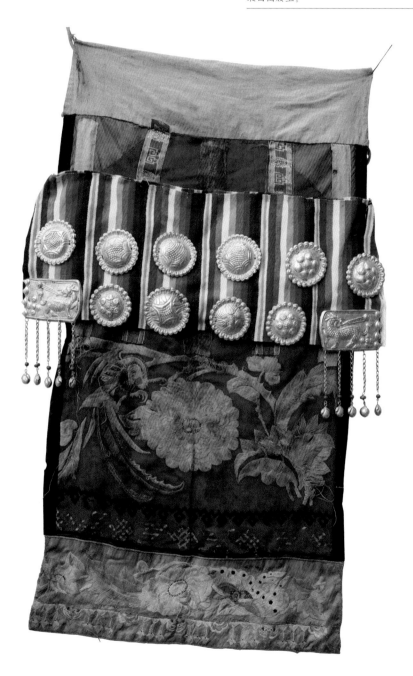

丹巴羌族女性服饰

另外，在贵州省铜仁地区，包括石阡县的汤山镇高楼村燕子岩、龙川区万安乡银丰村、亚新村，中坝区扶堰乡九龙湾，五德区青阳乡大坝村桃子湾和龙金村鹅梨董，白沙区聚凤乡高坪村指甲坝等，江口县匀都土家族苗族乡木城村漆树坪一带，居住着羌族约1200人，其"入居贵州的时间约12代左右，大致是明末清初由四川迁入贵州"。服饰有其自身特点，服饰材料多用自织自染的土布或麻布。男子包青色或白色头帕，穿对襟上衣，外套羊皮褂子，束腰带，缠绑腿，穿钉子鞋、羊皮鞋、羊皮靴。女子着麻布或土布长衫，拴围腰，穿钩尖鞋，鞋上绣有花鸟图案。喜欢戴耳环、手镯、簪子和银饰等饰品[1]。历经多年发展，这些羌族与当地其他民族相似，在现代生活方式及观念的影响下，穿着丰富多样，传统服饰文化逐渐淡化。

丹巴羌族老年男子日常服饰〈耿静 摄〉

---

① 程昭星：《贵州羌族述略》，载《四川省志·民族志》编委办公室编：《羌族研究》第二辑，第110页。

二　特殊服饰

1. 宗教服饰

指羌族祭师释比作法时穿着的服饰。

释比日常穿着与旁人无异，但进行法事活动时有专门的服装。

猴头帽　以金丝猴皮缝制而成，无帽檐，帽顶呈"山"字形。从左到右，分别代表"黑白分明"、"天"、"地"，标志着释比为沟通人神中介者。释比戴此帽源于远古的传说。传说称释比原本带有记录羌人来源、历史、文化等内容的"天书"，不幸被山羊所食，文化面临失传的危险，幸得金丝猴启示，杀食此羊，以皮制鼓，即可在做法事时敲鼓忆书，诵念如昔。此后，羌文化通过释比的口传心授得以传承。在此历史记忆中，金丝猴成为羌文化

猴头帽

汶川县龙溪乡阿尔村释比主持祭山会〈余耀明 摄〉

汶川县萝卜寨祭山会〈余耀明 摄〉

197

传承的关键，被尊称为释比的"护法神"。为感谢金丝猴，释比将其皮毛制成帽子，让人知道它的恩德，永远尊敬它。金丝猴猴头帽的象征意义和释比的社会活动，共同体现出了羌族的宗教观。

据汶川县龙溪乡阿尔村释比介绍，他在敬神和安家谢神时所戴的猴皮制的三角帽（羌语"冉达"），上面有直立的三根羚羊角。从右数起，第一根代表天，第二根代表天王，第三根代表地，在羚羊角上打孔，孔内插数条纸做的白色纸穗，代表百事安康，纸穗要一年一换。更早之前，帽子在前额正中部位有面铜镜，起到降妖除魔的作用，现在的猴皮帽无铜镜，以乾隆年间的铜钱代替。铜镜周边饰以海贝，上面打孔，用针线相串，缝在铜镜周围，呈椭圆形朝上将铜镜包围。帽子后面有长40厘米、宽33厘米的猴皮垂至腰间，在里面自下而上约10厘米处是猴尾巴。如果是进行表演，会在猴皮帽的三根羚羊角上系上红绳，耳朵的靠前部位也用红绳系着，在脖子底下打结，起到醒目、固定的作用。

除此之外，也有释比戴"五花帽"，或以纸板画五位尊神战将，或戴似博士帽的法冠。

衣饰 在汶川、理县一带，释比上身穿羊皮背心或素净长衫，下身着白裙，而茂县的释比会披豹皮[1]。通常而言，释比做法事所穿服装，羌语称"毕波"。备有两套，以方便换洗。届时，他上身先穿一件棉制白衬衣，白色代表吉祥，意味着百事百顺，衬衫外罩一件

释比王治升〈余耀明 摄〉

释比肖永庆〈余耀明 摄〉

① 胡鉴民《羌族之信仰与习为》第201页，载李绍明等编：《西南民族研究论文选》，四川大学出版社1990年版。

长衣衫，颜色为天蓝色，蓝色代表清静平安，能够保佑全村的老百姓，若穿其他颜色就表示不尊重诸多神灵，神灵就不会显灵。长衣衫外面是棉布坎肩（短褂）①，白色或黄色两种颜色，代表吉祥、财运。腰间系一腰带（羌语"吉"），上挂有各种法器，如宝刀、神棍、火钳、鹰爪、黑熊牙齿、野猪牙齿、山上的羚羊角、铃铛、卦等，还有一椭圆形的牛皮制的神袋，内装敬神用的青稞籽等。皮带用来驱鬼，从腰间解下来抽打妖魔。下身穿蓝色棉布裤、白色棉布袜子。鞋子是白色云云鞋（羌语"爪哈"）。

释比在驱鬼时戴的帽子羌语称"毕术达"，系黑色毡帽，以黑色山羊毛制，基本与

理县蒲溪乡释比王福山的服饰上衣及细部

---

① 释比在以前大都穿羊皮褂，现在穿坎肩。

肩同宽。穿的服装，也有两套衣服。通身黑色，包括衬衣、长衫、坎肩、裤子和鞋子。不能穿云云鞋和袜子、做法事时要脱鞋驱鬼，光着脚踩烧红的铧头，踩红锅等。

理县蒲溪乡释比王福山的腰饰

邛崃油榨乡直台村释比的帽子(毕术达)及神袋等〈耿静 摄〉

2. 嫁娶服饰

青年男女在结婚之前，即有礼尚往来之俗。"小订酒"时要协商彩礼，男方要送给女方八匹33厘米宽、1066厘米长的粗布、一支银簪、一对银耳环等。"花夜"当天，女方亲友的挂礼，包括鞋、围腰、衣料、首饰等，而迎亲队伍所带礼物中会有一件红布衣衫，一条167—233厘米长的红布及簪子、耳环、木梳和红头绳等物。大婚之时，女方母亲或接亲队伍的长辈，要指定一名父母双全的女孩，为新娘"改发上梳"。由舅舅给身穿嫁衣的新娘披上红绸头盖，陪奁有衣料、箱子、柜子及铺笼帐被等。

新郎新娘的服饰穿着有诸多讲究：一是讲究新，代表新生活的开始；二是讲究喜庆，一般选择红色，以示醒目、避邪；三是讲究发式，改变发型表示女性身份的转变，意味着家庭生活的开始；四是讲究数量，好事成双；五是讲究绣饰，服饰上的绣花为牡丹、石榴花等代表大富大贵和多子多福的吉祥图案，针法要求精致，花饰成串，代表一切顺利。穿着新婚服饰的时间各地略有不同，在3—15天之间。

汶川县雁门乡萝卜寨村，新婚夫妇的新婚服饰要穿5天，在谢客完毕之后才换上平时穿的衣服。

新娘头饰：先把头发绾起成髻，插上簪

北川五龙寨羌族婚礼 新郎新娘〈杨卫华 摄〉

① 21世纪以来，有些女子不包头帕，也不插花。

理县桃坪乡佳山村羌族婚礼〈万燕明 摄〉

子，然后用头帕把头发包起来。头帕为白色棉布和黑色丝绸各一节。包帕时先白后黑，黑色头帕要盖住白色头帕，再在头帕两端插上两朵红花[1]。衣衫，必须是新衣服，讲究穿双数，意味着好事成双。有的内穿一件秋衣或毛衣，外面穿三件宽布做的长衣服（1950年前用窄布制作）。颜色必须是红色或水红色，右胳膊上戴一朵棉布或丝绸做的红花。腰间系围腰，上绣各种各样的花，纳花绣或挑花十字绣。下身着黑色棉布裤子、棉布袜子。鞋子穿以纳花绣制成的尖尖鞋。戴耳环、戒指和手镯。

新郎戴黑白两色的头帕。先白后黑缠绕，在头帕两端插上两朵红花。上身内穿一件白色衬衣，外穿三件长衣服，大多是黑色、蓝色、天蓝色三种颜色，黑色穿在里面，其次是蓝色，最外面是天蓝色，在左胳膊上系上一朵红花。有的新郎为了美观，在长衣服外面穿一件坎肩，坎肩颜色与长衣服相配。腰间系一根黄色和一根水红色的通带，上面绣有各式纹饰。系鼓肚子。下身穿一件棉布秋裤及黑色或蓝色外裤。袜子有黑、蓝、白三种颜色。鞋为云云鞋。

在汶川县绵虒镇羌锋村，新人结婚时，母舅要给新郎升冠挂红。"冠是形似清朝官帽的带红穗圆形双层帽，后面插上两道彩色喜牌。"[1]这意味着赋予新郎以新的社会角色。

汶川县龙溪乡亦是新人穿新衣。所穿件数视家庭经济条件而定，少则三件，多的可达十多件。均用棉布制成，少数人用绸缎。有特点的是女式"彩堂鞋"。羌语称"巴珠"。这种绣花鞋除了最外一层为麻布底，还有三层，依次为白、红、蓝或白、蓝、红。鞋帮以红色为底，以丝线通体绣花，花饰有杏花、桃花等，花蕊为金黄色，配有绿叶，花朵相串成整体。而新郎鞋为云云鞋，前部有鼻梁，蓝色鞋帮上装饰云纹图案。

女式踩堂鞋〈司京陵 摄〉

① 徐平：《羌村社会》，中国社会科学出版社1993年版，第143页。

3. 儿童服饰

羌族儿童的长衫样式基本与成人相似。只是尺码不同，颜色较为明亮，体现出活泼的气质。近年来，由于现代童装颜色多、款式新、保暖性强，深得家长和孩子的喜爱。

理县蒲溪乡一带的婴儿所戴的圈圈帽（羌语"搭巴"）；1—4岁的孩子戴的道斯帽（羌语"渥渥搭巴"），较有特点。

尾巴帽，也称凉凉帽。羌族地区普遍使用，只是图案略有不同。茂县叠溪、较场一带称之为尾巴帽，三龙一带称之为凉凉帽。两个

月到三岁的女孩佩戴。有薄型和厚型之分，春秋天戴薄型帽，冬天戴厚型帽。整个帽子由帽顶、帽冠、帽身和帽尾四部分组成。帽关正面有的装饰有银牌，牌上刻有"荣华富贵"、"自力更生"、"长命百岁"等文字；帽顶绣饰多为圆形或桃形，顶尖缀的红布偶，起到避邪的作用。纹饰图案以"云彩"、"花朵"为主，"花朵"又以牡丹、团圆花居多，有吉祥如意的寓意。制作工艺为剪纸加绣花。

汶川绵虒镇一带儿童服饰

茂县松坪沟一带儿童服饰〈卞思梅 摄〉

幼儿道斯帽
理县蒲溪乡休溪村王明方提供

质地棉布。男女小孩均可戴。分正面、顶部、侧面、后面四部
分。帽子正面中间装饰一枚银制狮头像，从左到右贴"长命富
贵"银饰；正面左上方系一束土狗尾巴，右上方系土狗的爪
子，用以避邪。帽子顶部饰以绣花，四周以红毛线与珠子点
缀。侧面略长，意为"狮子耳朵"，起保暖避邪作用；帽子后
面用三组云云纹点缀，上方有五组花纹，并系有两个铃铛。帽
后部直达后肩，起保暖作用。制作时间需10天左右。

幼儿尾巴帽
羌寨绣庄提供〈余耀明 摄〉

帽冠正面无银牌装饰，帽顶为桃形绣饰，顶尖
吊有"猴子抱金瓜"红布偶，起避邪作用。花
饰以团花为主，寓意平安吉祥。
帽冠宽18厘米×25厘米，高9厘米。
帽长33厘米，高18厘米，帽顶直径10厘米。

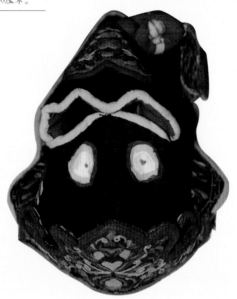

口水转[1]，即小孩围嘴，羌语"得实摆"。常见于茂县渭门乡、三龙乡、飞虹乡、白溪乡等地。一共有四片，色彩鲜艳，每片都绣有大云纹，分别由3—4层布打底，并系有彩色流苏。口水转的制作过程是，布壳—粘面子—设计图案（云彩或花朵）—剪纸贴布—刺绣（齐针绣、钩针绣、编织绣）—钉缀子（用丝线将银珠串起来的流苏）—将每片缝制在一起(中间穿线连接)—包边。

口水转
羌寨绣庄提供〈余耀明 摄〉
外径34厘米，内径12厘米，单片高度12厘米，
单片宽度：14.5厘米，流苏长17厘米。

[1] 20世纪80年代，口水转经过改良，成为成人用品，称为羌族"云肩"，其尺寸被放大，成为婚礼时新娘礼服的一部分。

4. 丧葬服饰

1950年以前，羌族的平均寿命较低，如果老人年满50岁，家有子女，去世便是喜丧，要举办隆重的葬礼，人们会以唱歌跳舞形式送别老人离世。如果逝者是年轻人，双老健在，逝者需着孝服入棺，只能举办简单葬礼。隆重的葬礼不仅表达了生者对逝者的尊敬，更是凝结家族和村寨力量的社会活动。在葬礼上，人们的服饰往往更加直接地反映出每个人在这个社会中的地位和社会关系。

在羌族家庭，子女们会提前为50岁以上的老人准备棺材和衣物，以表孝心，使老人放心，众人看到安心。老人即将落气时，儿女要为其穿好寿衣、寿帽，头朝神龛，脚朝大门，平放在棺材盖上。然后让他（她）手牵一只黑羊（落气羊），嘴里被塞进"口含银子"，表示老人苦了一辈子，尊敬老人，期望老人保佑后辈都有吃穿。由长子抱着老人的头部，其余子女及晚辈手拿纸钱跪于四周。一旦老人落气，众人齐声哀哭、撕纸钱、烧落气纸，请释比做法。之后，寨子上的人纷纷赶来帮忙。丧家必须在第一时间通报亲属，特别是向母舅家禀告逝者去世前后的情况，请释比测算下葬时间。人们为之扯孝帕、唱赞歌、跳羊皮鼓舞等。其中，孝帕、孝衣均要按照逝者舅家的要求做。根据家庭经济条件决定是做"普孝"还是做"关门孝"。如果是"普孝"，则是给来自四大门亲的所有亲属，即孝子的姑爷、母舅、姨爹和表叔的子女及干儿干女，每人准备一幅孝帕，如果是"关门孝"，则只给儿子、媳妇、女儿、女婿、族中的侄儿侄女准备孝帕。

汶川县龙溪乡一带，丧家会选择一位德高望重的老人，给舅家、直系儿女、旁系儿女、四大门亲及干儿干女扯孝帕。孝帕由过去的50厘米长演变为现在的167厘米。孝子腰拴一束麻皮带子，孝女戴白线耳环。在隆重的葬礼上，人们要跳羊皮鼓舞，羌语称"布搓达"。参加者为多为中青年男性。他们头缠白帕，身着麻布衫和羊皮褂，系腰带，脚穿绣花云云鞋。每人手执羊皮鼓、铜响铃、神棍、彩色纸旗等器物。领头人头上还戴有用禽兽的爪、牙、尾、翅装饰的毡帽，随着释比的鼓点跳舞。此外，还要进行"打花伞"活动，羌语称"竹撒哈"。妇女们在布制的伞上放置自己亲手缝制的各色花样的围腰、鞋面、腰带、袖套、领边、手帕及鼓肚子、童帽等物，以展示自己的刺绣成果。她们边舞边唱，不停转动花

孝服

伞，使现场的气氛更加热闹、欢快。在掩棺之际，舅家还会移开盖子，检查逝者的衣衫件数，是否穿戴整齐等。送棺到坟地后，必须把逝者遗留的旧衣物铺在棺材上面，母舅按照件数点孝子的名，一件一件赠送给孝子，孝子要跪着接受老人的遗物。

在雁门乡一带，为老人准备的衣物包括帽子或头帕、衣服、裤子和鞋。帽子、头帕任选其一，多选用纱布、棉布、绸布，帽子是一顶黑色的瓜皮帽，帽顶挂红，据说这样下辈子就可以投生到富人家里。用棉或绸布制作长衫，表示投生后寿命会长。忌讳穿带皮毛的衣服，以防逝者转世投胎成牲畜；不能穿化纤织物，认为化纤衣服风化后对逝者不好。衣服件数讲究单数，为三、五、七或九件，表示还有多余的衣物。内着白色绸布衣服，外套两件或六件或八件长衫。颜色还可选绿色、红色、黑色，不用蓝色，认为穿在世时常用的颜色会对后代不利。如果逝者的父母或长辈在世，就必须把里面那件白色绸衣穿在最外面，意为提前为父母戴孝。要准备两条裤子，内为绸布，外用棉布。缝制这些衣物的时候，缝衣线不能回针，也不能留线疙瘩，否则会对后代不好，由新布做的衣服一旦备好就不能过水清洗。不准备坎肩或羊皮褂。需要准备一双白色袜子及一双黑色棉布鞋。鞋子，羌语称"帕帕鞋"或"鸡婆鞋"。男女样式不一。男性穿花鞋，鞋面不能包完，鞋底有三层棉布或绸布，上用丝线缝制各色花样。不能穿云云鞋，认为麻布为底的云

云鞋是在世时穿着做事用的，死后再穿下辈子会很辛苦。逝者穿着"帕帕鞋"，寓意会投生到富人家。女性穿绣花尖尖鞋，鞋底用笋壳制成，针线较为稀疏，鞋底上画一株万年青树。老人去世后，所有儿女都纷纷赶回家，穿孝服，给老人下葬。孝服为白色，素面无花，包括孝帕、孝衣、孝鞋。过去用麻布，现在用棉布缝制。孝帕长度、戴法均男女有别。女用孝帕长2.5米，戴时先在额前挽一圈，剩余部分在头的两侧自然下垂，男用孝帕长2米，要在额前挽个疙瘩后，其余部分披在脑后，一直垂于腰间。裤子为平时所穿，多为黑色。孝服按照与逝者关系的亲疏远近而不同，关系比较亲密的要穿孝衣、戴孝帕，关系一般的只戴孝帕，参加葬礼时所穿的鞋不讲究。逝者亲生儿女要穿孝装120天，不能洗。现在这种习俗有所变化，穿孝服少则3天，多则15天。

5. 战争服饰

从至今流传于茂县、松潘等地的一种祭祀性舞蹈"铠甲舞"，可以看到历史上羌族身着战袍作战的影子。铠甲舞，羌语称"克西格拉"，又称跳盔甲，系为战死者、民族英雄和德高望重的老年人举行大葬仪式中表演的男子群舞。此舞蹈反映出羌族昔日征战的场景。舞者头戴生牛皮做成的头盔，上插一根柏枝，饰以白色野鸡翎或麦秆或黑色牦牛毛，代表勇士们战斗威猛。所着铠甲一副重约9千克左右，起保护身体和装饰的作用。铠甲上身无袖，为背心样式，背后挂有一铜铃，下身为裙式，长

及膝盖附近，上下连为一体。取材为块状生牛漆皮，每块漆皮长和宽分别约10厘米和4厘米，以熟牛皮制成的皮绳相串接。部分漆皮还绘制有图案。舞者下身着长裤，缠绑腿，着云云鞋。手执刀、矛等兵器，分列对阵而舞，吼声震天，威武雄壮，唱、跳和吆喝融为一体，表现出古代将士奋战的英勇气慨。

　　现在，这种祭祀性舞蹈在老年人去世的场景中才能看到，会跳的人已经越来越少，而铠甲服已所剩无几，舞者以麻布长衫代替了铠甲。

清代铠甲及局部
西南民族大学民族博物馆提供

长矛及局部
西南民族大学民族博物馆提供

长矛长约2.2米，矛身以藤缠绕。

刀
西南民族大学民族博物馆提供

清代铠甲及局部
由西南民族大学民族博物馆提供

由千余片牛皮制成，收集于茂县。

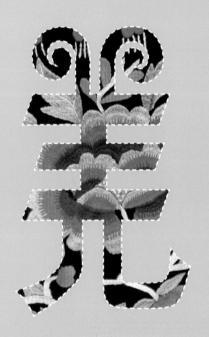

肆 羌族服装材质及加工

羌族服饰的用料与经济发展水平及外界的交流程度密切相关。大体而言，在经济落后、交通闭塞的时代，羌族地区普遍种植麻，人们全靠手工制作麻布服装。随着与内地沟通的加强，棉布被羌族接受，并日渐推广，种麻的人急剧减少，穿麻布衣衫的人纷纷改穿棉布、锦缎面料的长衫。同时，一些居住在县城和河谷地区的羌族也随之改穿汉式服装。特别是20世纪80年代以来，大量的现代服饰及服饰材料涌入羌族地区，丰富了人们的物质文化生活，传统的民族服饰色彩日渐鲜亮，材质亦更趋多样化。

（一）麻布及加工制作

1. 种麻

由于大部分羌族地区气候及环境相似，各地普遍种植麻。在汶川县萝卜寨村，麻，当地羌语称"索"。每年开春，家家户户都会选择在田边地角的两三分地种植2—3斤麻子。1株麻有1—1.5米左右，直径1.5厘米。在秋天，麻长大结子，为避免引来麻雀吃子，

村民种植的麻〈耿静 摄〉

快成熟时要一次性收回。麻子晒干后，一部分留着做种，一部分当作零食。然后，收割麻秆。

2. 制作麻皮

将麻秆背至家中三楼的平顶上，铺开晒，晒的时候不能淋雨，否则麻秆会变黑，如果天气好，麻秆就会被晒成白色。再给麻秆泼点水，将麻秆皮剥下。剥下的皮即"麻皮"。

3. 搓制麻线

又称绩麻或"搓麻竿竿"。借助约一尺长的竹竿或两端稍细、中间粗的木杆，下端坠一重约50克、中间有孔的石片或瓦片（当地称"麻砣砣"或麻秆秆，羌语称"波里"）来进行。

由妇女在出工的路途上和休息的时候，将麻皮搓成麻线。方法是用右手大拇指、食指、中指搓麻秆，左手的食指、中指拉着撕开的细麻皮，用唾液拉湿麻皮头后一根接一根地搓成麻线（麻线，羌语称"梭里"），边搓边撕，连续不断。将搓好的麻线从麻秆上取下来，挽成线团，有的挽成大麻绳，有的挽成小麻绳，用开水煮四五个小时，放一些草木灰（碱灰），漂白麻线，再洗干净，晒干即成雪白的麻线。

4. 牵纱及麻布的制作

到农历冬腊月农闲时，各村寨的羌族妇女都要集中在相对宽敞、平坦的场地织麻布。"坐在地上，一端系在对面的树上，另

民国时期羌族妇女制作麻布的场景〈葛维汉 摄〉

一端系在织者的腰间，用横线穿织，然后以一块木薄板拍紧"①（此处木薄板应该是"打纬刀"）。其织法，一种称"单巴"，工艺要求不高，只有一道提花，比较单薄；一种称"斜纹"，工艺要求高，有两三道提花，比较厚实，耐穿。其长短各异，约30厘米宽，三四十米长，可做两三件衣服。

5.麻布的应用

麻布厚实、耐穿、耐寒，应用范围广，不仅可以做麻布衣服、裤子、鞋子，还可以用来制作被子和垫子。

（二）羊皮褂加工及制作

畜牧业是羌族生产方式重要的组成部分，高山和半高山地区的羌族流行穿羊皮褂，并把羊皮褂视为财富的象征。20世纪80年代后，现代服饰大量进入羌族地区，穿羊皮褂的人逐渐减少。

羊皮褂选料讲究，由于绵羊皮不及山羊皮耐磨，人们首选山羊皮，没有山羊皮才选用绵羊皮。两只山羊的皮能做一件褂子。由专门的男性手工艺人制作。

加工程序：

山羊杀后剥皮，暴晒几天。用湿泥巴反复搓无毛面，搓完卷起，用水浸泡一晚，使之有柔性，再用刀将其残余腐肉铲掉，让整张皮子变得松软。然后，往羊皮上涂一层猪

羊皮褂

身着羊皮褂的羌族男子

---

① 四川省编辑组：《羌族社会历史调查》，四川省社会科学院出版社1986年版，第96页。

油或酥油（即从牦牛奶中提炼的黄油），用
手揉制，直到皮变得十分柔和。接着，把羊
皮摊开，一只羊皮用于做羊皮褂的背部，另
一只羊皮剪成两半，用于做羊皮褂前面的两
边，剩下的边角料刮掉毛，可用于镶边，镶
在腋窝、胸口和衣服底边。其余的还可剪成
细线，用于缝制。

理县通化一带，"做一件皮褂，由本人
出原料（一份羊皮，250克猪油），另给工
钱三块银元，每天供给饮食，请人来做。首
先是用黄泥糊在羊皮背后，次日用刀刮去污
烂物，然后阴干，揉一次再用火烤一次，烤
干再揉几次，羊皮揉软后即成为一件羊皮
褂"。[①]在丹巴地区的羌族，尽管服饰受到嘉
绒藏族很大的影响，但人们仍然喜欢穿羊皮
褂，当地称之为"皮褂褂"、"领褂子"。
选料绵羊皮、山羊皮或岩羊皮，其制作工
艺是将已晒干的生羊皮拿来用冷水浸泡3～5
天，全软后捞起加工。在加工中不去毛，也
不起层，通过脱水、削刮、上油、踏扯、搓
揉，直至皮子干燥柔软。缝纫的连线使用獐
子或鹿子皮割成的皮筋线。

（三）毡褂子加工及制作

毡褂子在羌族地区亦流行。选料用黑
色山羊毛或黑色牛毛。样式简单，无固定的
尺寸，直身无袖无扣，前片到大腿部，不过
膝盖，后片最长到小腿。男式与女式略有分

别。均用麻布滚边。

由于农牧兼营，羌族家家户户饲养羊，
高寒山地还饲养牦牛。逢农历二月和八月，
妇女要剪羊毛两次。一只羊能剪100－150克
毛，最多的能剪250克。毛剪好后，先要放
在堂屋里用竹竿拍打，揉合，一包一包地包
好，然后用麻秆搓成线，用羌语称为"掐"
的工具把两股合成一股，捻成单股毛线，再
用织布机制成毡布，裁剪为成衣。

一般2000克羊毛织成的毡子可以缝一件
毡褂子，用时至少一周。毡子织好后，要烧
一锅开水，把毡布放入煮10分钟左右，捞出
马上用脚踩，反复踩约一天时间。踩时，要

茂县太平乡村民自制毡布〈耿静 摄〉

---

① 四川省编辑组：《羌族社会历史调查》，四川省社会科学院出版社
1986年版，第96页。

手扶墙壁用力踩。如果不会踩或踩不好，就要请会踩的人来帮忙。踩过后，人们很容易辨认毡布踩得好不好，好的毡布棱角不容易看出来，纹路清晰有序。之后，再把毡子晾干，用女性头发进行缝制，成为毡褂子。用头发缝制的原因是好配颜色，而且结实耐用。头发最好用中年或老年妇女梳头时掉下来的长头发，如果用一个人的头发，要七年才能收集到缝制一件的用量，如果是几个人的头发至少也得一两年。把这些头发用麻秆搓，把单股捻成两股，然后开始缝，约一两天即完成。另外，为增加耐磨性，衣领、下摆均用麻布包边。其前后片间的侧面用结实的旧鞋边（五层布）或麻布连接。

茂县太平乡村民捻毛线〈耿静 摄〉

松潘县大尔边村民捻毛线

（四）刺绣工艺

刺绣在我国历史悠久，是中国优秀的民族传统手工艺之一。它是用针和线把人的设计和制作添加在任何存在的织物上的一种艺术。其基本元素是针法，用针和线作画，以反映人们的风俗、文化、心理、审美情趣等，表达对美的向往和追求。但刺绣是一项综合艺术，不仅仅是针线和颜色的添加，还是艺术的发展和创新，人们通过时间的累积和反复的实践，创造出内容丰富、形态各异、图案和色彩丰富的作品。

在少数民族地区，刺绣工艺如百花竞放，异彩纷呈。羌族的刺绣工艺是其重要组成部分。在羌族各地，刺绣技术也不尽相同，各具特色。比较明显的是，茂县的曲谷、雅都、维城一带，理县的蒲溪等地，服饰中绣饰要少一些。汶川县绵虒、龙溪、雁门一带，茂县三龙、叠溪一带，理县桃坪等地服饰中运用的绣饰要多一些，且布局讲究，制作精美。

从技艺手法而言，羌绣主要有如下几类：

（1）挑花，又称架花、十字绣。针法较为简单，即按布料的经纬纱数线，双纱线为细针，三纱线为粗针，逐步眼扣挑十字。纹样造型简练，结构对称严谨，常用于表现对称式布局的图案风格。部分写实风格的纹样，题材多为花草。

（2）绣花，即平绣、撇花。严格按照布纹的经纬线和图案结构布线。根据所绣对象和处理手法，可双纱平绣，也可重针绣出厚度。以针线平行或斜向地刺绣在织物上，起针和落针均位于纹样边缘。平绣的针脚排列紧密，绣面匀称平整，不重叠，不露底，富有质感。

（3）锁绣，即串花、游花、勾花，又称链子扣。采用此法时，妇女先要信手描图。过去一般用麦面加水稀释成糊状，再用纤细的枝条或火柴棍沾上，将图案绘于底布上，待水分收干，在留下的印记上勾花。现

挑花纹样（耿静 摄）

绣花〈耿静 摄〉

平绣绣片〈耿静 摄〉

通带〈耿静 摄〉

在直接用裁衣服的画粉或描笔在底布上勾描。然后再用白线或彩线勾花。第一针从下往上穿，穿出布料之后，退回来挽一个扣，在这个扣中往布料底下刺第二针，针线穿出来之后依然在布料上挽扣，扣扣相连，挽成链状，构成图案。其特点是比较省工，构图随意自如，略显粗犷，多用下满襟围腰。

（4）纳花，又称扎花。往往与剪纸艺术相联系。羌族妇女从小练就剪纸手艺，无须画图就能随意剪出各种花纹，如圆叶花、尖叶花、羊角花、梅花等。剪好后，作为图样贴在布的反面，按图绣花。绣时多将两层

信手描图〈耿静 摄〉

串花纹样〈耿静 摄〉

或两层以上绣花图案重叠在一起，以此表现出图案的层次之美。绣出第一层图案后再在上面绣制第二层，第二层的起针接在头一层的中间部位。层层绣制，有渲染效果。另外，对在厚形布料上使用的装饰手法，人们也称之为纳花，如纳鞋底、纳鞋垫、纳鞋帮、纳袜底等。这些部位要求结实耐用，所用针大线多，但绣工依然严谨、精湛，而被作为定情物或送礼佳品。

（5）拼花，又叫贴花、补花绣。即用现成的各种色布、花边或花带拼缝于衣服的衣襟、托肩、领口、袖口、下摆及开衩等处。花边购于市场，色彩各异，图形有大有小，排列规则，宽窄不一。以针法固定，与绣花图案组合，有层次感。

女式长衫的袖口也是拼花的重点区域，将若干组间隔排列，间隔区以简单明快的线条或纹饰进行过渡，避免了凌乱无层次现象，同时，这些拼花纹饰在前襟、托肩等也有装饰，起到了极好的呼应作用，使得长衫增加了暖色调，醒目、活跃，整体性增强。

另外，刺绣工艺还运用在床帏、被单等生活用品上。

纳鞋帮〈耿静 摄〉

贴花鼓肚子〈耿静 摄〉

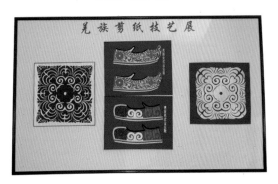

羌族剪纸〈李兴秀 摄〉

尖尖鞋〈余耀明 摄〉

剪纸场景、鞋垫〈耿静 摄〉

展示剪纸技艺〈李兴秀 摄〉

纳花围腰局部〈耿静 摄〉

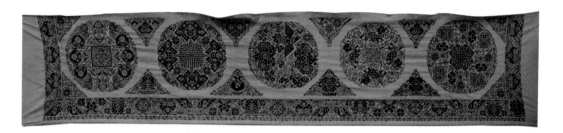

床帏

羌寨绣庄提供

又称床弦花。流行于茂县南新镇、土门乡、叠溪镇一带。

白底蓝黑线、十字绣制作。

长200厘米、宽40厘米。团花图案直径27厘米。

整幅床弦花由4组5幅图构成，从右至左分别为"八瓣圆菊图"、"麒麟图"、
"祥鸽图"、"牡丹团圆图"、"凤观金瓜图"。图案对称分布。

图之间以三角形花瓶和盆花相连，瓶在上，花在下。

下部花边图案丰富，有八瓣菊、尖菊、蝴蝶、寿桃、牡丹等。

床帏

北川县文化馆提供

2009年收集于茂县土门乡。当地称"罩帘子"，棉质、清代绣品。为北川青片乡
妇女嫁到茂县土门后的制品。白底素色绣花，为凤求凰图案、衬以牡丹花卉。
三边有花边，系在白色棉布上用画笔勾勒之后，用蓝色棉线进行绣制、色彩素
雅、绣工精良、栩栩如生。幅长195厘米，宽34厘米，花边1厘米。

床帏及局部

茂县沟口乡肖寅燕提供

2009年6月25日摄于茂县县城羌族民俗文化展，丝线绣品。

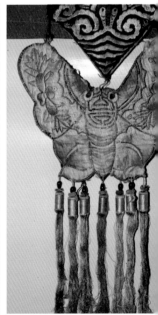

（五）提花编织工艺

提花编织，有的称为"织字"。即编织带子时用的提纱法，严格地扣数经纬线，织出不同的方块图案。

松潘县镇坪乡一带的织字腰带〔李星星 摄〕

汶川县绵虒镇一带的织字腰带

（六）材料加工工具

1. 制麻线工具

制麻线的整个一套工具，羌语称"掐"。主要有：

用于挽麻秆秆上线的工具，羌语"梭尔西"。首先，用麻秆秆把麻线一根一根地吊起来，线为单股；其次，把吊起的线上到"梭尔西"上挽成线团，大概11—12团线才能挽成一大卷线，7—8卷才能制成一匹麻布，能缝制两件男服。女服因长衫前面是小衣襟，要戴围腰，可以节约布料，能缝制三件。

2. 麻布制作工具

在羌寨，家家户户至少有一套织布机，多的达三四套。妇女将之作为家庭手工生产劳动的必备工具。但现在会使用的人日渐减少，一般是35岁以上的妇女才会用。

各地织布机样式基本相似，均为踞织机，又称腰机。只有年代久远和制作精良与否之分。其便于携带，织者席地而坐，卷布轴一端系于腰间，双足蹬另一端经轴并张紧织物进行操作。在羌语南部区的汶川雁门乡萝卜寨，其织布机有两种，一种与前所述相似，一种为大型织布机，能使用者极少，仅有一家农户将其作为民俗文物收藏。

在羌语北部区茂县曲谷乡河西寨，所见织布机（羌语称"结结"）部件从上到下依次为：护腰带、梭子（两个）、紧纬刀、分纱片（三个）、牵（连）经杆。其中，护腰带（即拉扣），羌语"接聚"，中段略宽，有的加有毛皮，有护腰作用，拉扣分别系于织布人腰前的织布工具，起固定作用。梭子，羌语"哈珠"，用来赶线。紧纬刀，又称打纬刀，羌语"孩米"，起打紧纬线作用。分纱片，羌语"入古子"，用来分解线头、布置纹路。牵（连）经杆，羌语"读"，用来拉线。

织完麻布后，用凉水洗一遍，边洗边捶打，捶打的工具称捶板，羌语"达布"。捶打的次数越多，麻布就越白，通常捶打一到两小时，晾干之后就可以缝衣服了。

3. 制作羊皮的工具

制作麻线工具

销皮的工具有：小刀、锥子、尺子、剪刀、皮针、皮线、木槌等。

捶洗麻布工具捶板

用腰机纺织及腰机零件

|伍| 羌族服饰色彩及图案

一 色彩

（一）色彩观的变迁

由于传统服饰材料的限制，羌族传统服饰色彩的选择具有较大的局限性。麻的加工工艺流程简单，经济实用性强。麻布长衫颜色单一，以土白色为主。毡褂子的原料以羊毛或牛毛的本色制作，为白色、棕色、黑色。因而，其传统衣饰色彩朴素淡雅。

同时，深处大山的羌民，在与自然环境和谐相处的过程中，无不被蓝天白云、绿树碧草、山花烂漫的美景所吸引，巧手的羌族妇女在头帕、衣襟、袖口、下摆等处以绣饰作局部点缀，在素雅的基调下增添了跳跃的色彩，又不繁缛浓烈，配上羊皮褂，相得益彰。

从社会性别来看，男性肩负劳动生产、家族及村落活动的重任，其服饰凸显男性的威武与成熟，色彩普遍以单色为主，只有衣襟、下摆开衩处、腰带、鼓肚子、鞋的装饰图案，体现出柔和的一面。而女性除了家庭生产、家务和田间劳动，还要肩负缝制全家老小衣服的重任，她们掌握衣饰的制作工艺，并有着传承义务。在社会中，是否有熟练的手工制作能力，针线活是否精美，都成为衡量女性能干与否的重要标准。自然，女性在手工技艺上的思考多于男性，并通过家人和自身衣饰来彰显这种能力。这是儿童衣饰、妇女装束图案复杂、色彩多样的重要原因之一。

棉布、棉线传入羌族地区后，因其实

丝绣（上）与膨体纱线绣品（下）对比

用性强、经济实惠迅速被广大羌族群众接受。一方面，受我国社会经济发展大背景的影响，直到20世纪80年代末，羌族的棉布长衫都以蓝色（当地称阴丹蓝）为主；另一方面，受道德伦理观念和审美情趣的影响，中老年衣衫色彩素雅，讲究稳重大方，蓝色、黑色普遍，鲜有花饰。而年轻人衣衫色彩上选择更为丰富，整个色彩非常鲜艳、多样。

20世纪90年代以来，随着经济发展和对外开放，羌族地区的物质文化和精神文化日益丰富，不少人通过外出打工、从事第三产业、对外交往等开阔视野，更新观念，服饰色彩的运用从单一向多样化发展：

一是色彩的选择更加明亮。重点体现在

女装上。除了惯用的蓝色、黑色，还增加了深绿色、淡绿色、大红色、粉红、黄色等明亮的颜色。

二是纹样花饰的色彩对比更加强烈。这也与采用的绣花线原料有关，如使用棉线、丝线和膨体纱线，表现的色感就有很大差异。膨体纱线绣品色彩简单而艳丽，丝线绣品色彩对比度较小，精致而有层次。

三是盛装逐渐由羌绣企业生产。大多选用缎面制作，绣饰夸张，色彩艳丽。这些服装主要满足城镇服装市场的需要，实际上引领了盛装的变革趋势。

四是在大批彰显羌族文化的艺术类节目中，对羌族传统服饰进行了艺术加工，使其色彩更加明艳，裙摆拉长，饰品更加夸张，以适应舞台服饰轻薄化和艺术化的需求。随着艺术表演的社会影响力不断扩大，反过来影响到羌族日常服饰的色彩选择。

现代羌族服饰〈耿静 摄〉

羌族金花

（二）色彩分类及运用

色彩分为无色彩和有色彩两大类。无色彩即指黑、白、灰，不带其他颜色的色彩，有色彩指带有红、黄、蓝、绿等多种颜色的色彩。在羌族服装中，可根据年龄、性别来进行分类。

一般而言，儿童服装采用蓝色、红色等布（绸缎）料作为长衫，斜襟彩色装饰，配以明亮色彩的围腰和腰带，凸显儿童的活泼、俏丽。而中老年人服装采用深蓝、黑色，显得端庄、稳重。男性服装多以蓝、黑为主，女性服装种类多，色彩缤纷。

从羌绣的角度而言，无色彩的羌绣被称为"素绣"，有彩色的羌绣为"彩绣"。

素绣是用单一的色彩线在单一色的绣布上绣制图案，如以白棉线运用串挑手法在蓝布上绣制的满襟围腰。单一色的绣布可以是有彩或无彩的。配色方法有两种：一种是素配素，即黑配白或白配黑，图案和绣布色彩皆为素色组成；一种是彩配素，绣布为彩色绣布，纹饰图案为单色，呈黑或白色，其以线造型，单纯简洁，整齐划一，具有古朴典雅的效果。

彩绣则不然，它是用多种颜色的绣线绣

制的绣品。在复杂的构图中突出主题，颜色运用鲜亮明快，对比强烈。配色方法亦有两种：一种是对比配色，突出美感，通过深底浅色花或浅底深色花来展现，以形成视觉冲击；一种是同类色配色，以色彩渐变的形式来表达出层次，促使图案整体效果强，和谐统一。

各地的羌绣色彩运用存在些微区分。茂县较场片区，喜欢用白色或猪肝色绣制枝干，而在茂县白溪、赤不苏等地更喜欢用黄色来表达；前者还与三龙等地一样，花朵采取红（粉红）——黄——绿有过渡的深浅不一的色彩搭配，使绣品具有层次和立体感；汶川、理县、茂县黑虎、太平、土门、松潘县镇坪等地配色不讲究层次，无色彩过渡，讲究对比度，强调了色彩对比效果。

（三）色彩的文化内涵

对色彩的审美意识是社会意识的一部分，是社会存在的反映。羌族服饰的色彩审美表现出以下特征：

1.崇尚白色

羌族喜好白色。按照羌族族源看，这与其早期为游牧民族，与其生活最密切相关的羊为白色，因而人们穿白色羊皮褂，包白头帕……从某种程度上表达了羌族对其远古时期祖先的追忆、对神灵的崇拜。

由于羌族的宗教尚停留在多神信仰阶段，白色石英石成为众多神灵的代表。溯敬白石之源，传说很多，主要有两个版本：一是南迁的羌人受天神暗示，用白石击败强悍的戈基人，从此羌族得以安居乐业。二为

素绣的色彩运用

素绣的色彩运用

彩绣的色彩运用〈耿静 摄〉

神指点人类用白石相击取火，得到温暖和熟食。因而，长期以来，羌族用白石象征天神、山神、家神等诸多神灵，并把它们广泛地供奉于山上、屋顶、地里以及石砌的塔中。这种扎根于民间的深厚的思想意识，对羌族的日常生活和习俗产生了显著的影响。

　　释比服饰具有特别的意义。释比头戴金丝猴尖角帽，身着对襟坎肩，上以黄、白、黑三色点缀，下身穿白布裙，裹白绑腿，显示出其特殊地位和身份。黄、白、黑代表庄重、高贵；白布裙与白绑腿象征作为神的代言人所具有的色彩符号，令世人尊敬和崇

拜；所着坎肩，又表明了他不是神，是人与神的中介物，既让人感到敬畏，又使人们觉得只有通过他才能令神灵感应。

　　在茂县黑虎乡，羌族妇女以一种特殊的祭祀道具——"万年孝"白色头帕，表达了对英雄的悼念和崇敬，这既是吊孝服饰所用的固有色彩，也是羌族传统崇尚白色的结果。"白色已经成为图腾崇拜、宗教信仰以及英雄崇拜等多重涵义相融一体的象征符号。"①

　　2.偏好红色

　　红色是羌族心目中太阳和火的象征。传

黑虎乡妇女

① 《黑虎乡羌族妇女"万年孝"头饰文化内涵初探》，见http://www.qiangzu.com/show.php?contentid=977。

说羌族祖先炎帝"以火德王，故为炎帝"，"炎帝为火师，姜姓其后也"（《左传·哀公九年》）。出于对祖先的崇拜和火在生沽中的重要性，尚火的习俗一直延续到了今天。羌族民间流传甚广的传说《燃比娃盗火》也反映出火来之不易。人们认为火有火神，对火充满敬意，因此羌族家中的火塘终日燃烧，长年不灭。同时，在羌族人的眼中，红色还代表热情，并可避邪。对远方的来客要挂红表示尊敬。逢婚庆日子，新娘要头搭红布或红绸，选红色嫁衣，穿绣花鞋，嫁妆捆上红花，才会充满喜悦的气氛。这些重大事项上对红色的偏好折射出人们的审美观念源远流长。

茂县永和乡羌族的绑腿用红色，其原因在于红绑腿曾起着家族符号的作用。腊呼寨白永祥老人介绍："红色能驱邪消灾，打仗如果把红绳系在腿上，神就能保佑我们打胜仗，而且看见腿上拴有红毛绳就知道他是自己家族的武士，所以我们从古至今都有挂红系红的习俗。"[1]

总之，羌族的色彩偏好，集中体现在羌绣对色彩的运用上。羌绣色彩艳丽，搭配大胆，着色合理。如头饰绣花中的彩线，一般都选用暖色调的桃红、朱红、大红、金黄色，配以少量蓝色、绿色，层次清楚，主体分明，使头帕显得华丽。在围腰的图案中，用黑色或蓝色的布或涤棉作底，既可以用与头饰同样艳丽的色彩，使围腰活泼可爱，也可以只使用单色的白棉线，使围腰清丽素雅。归纳起来，有以下四个特点："其一，在强烈的局部对比中求得整体的协调。其二，黑色的底部是统一各种色调的关键。其三，黄色是羌族图案的中心色，也是富贵色，不可多用。其四，白色在整个图案中，犹如气眼，起着换气作用。有气则活，使画面变得明快、响亮。"[2]

永和乡妇女

① 彭代明等：《纳啵——写在服装上的民族符号》，《民族艺术研究》2008年第4期。
② 黄代华主编：《中国四川羌族装饰图案集》，广西民族出版社1992年版，第4页。

二　图案

（一）考古资料中发现的纹饰

20世纪以来，羌族地区发现了大量的古文化遗址和石棺葬。较为重要的考古遗址包括：汶川姜维城遗址、高坎遗址、理县箭山寨遗址、茂县营盘山遗址、波西遗址、白水寨遗址、下关子遗址、上关子遗址、沙乌都遗址等。石棺葬文化考古中，墓葬数量多，延续时代长，出土了大量随葬品，器物上广泛应用绳纹等纹饰。

羌族服饰图案主要有几何线条和图案两种。几何线条运用在衣服领口、斜襟、下摆、袖口等部位，以大块线条镶边或滚边，或为直线，或为回纹、万字格、波纹等简单纹饰。"常用的回纹、锁子扣、链子扣、水波纹等是原始的绳纹的变形、演移和发展。"[1]万字纹因讲究对称分布，只能在十字绣中出现。

（二）图案的构成、画法及分类

羌族是热爱大自然的民族，其生存环境不仅造就出他们坚忍不拔的精神，更赋予他们丰富多彩的物质和精神生活，并以服饰图案的多样性表现出来，这也是在历史发展过程中，人们对自然界的认识及进行艺术创作的结晶。

1.图案构成

服饰图案重在构思，制作者必须要有

营盘山出土绳纹陶片
茂县羌族博物馆提供

牟托出土的兽面纹戈
茂县羌族博物馆提供

不同的回纹
李兴秀手绘

此纹饰可以随意用之，男女不限。

---

1. 黄代华主编：《中国四川羌族装饰图案集》，广西民族出版社1992年版，第2页。

回纹斜襟

相应的准备，就其原料的选购、图案整体布局、针法的运用、色彩的搭配——有所思考和安排，然后动手制作。图案的构成并不复杂，以点、线、面为基本结构，构图讲究对称、连续而均衡，布局饱满、有序而富于变化。基本形式主要有对称式、均衡式、连续式三种。其中，对称式构图的上下或左右结构完全对称；均衡式构图重在视觉上保持一种平衡，图案有主次之分；而连续式构图则是一种重复性排列。

2.图案的画法

羌绣图案的传统画法有四种：其一，用生灰面和着少量的白糖（融化）或半干牙膏，用竹签蘸着，直接画于布上；其二，用草纸进行剪纸创作（构图），通过糨糊贴于布上，将纸的面积绣满，盖住剪纸；其三，画图之后，进行剪形，贴于布上绣制；其四，不打样、不画线，直接进行绣制，十字绣即是如此。

除了保留上述传统画法，还借鉴新技术或其他绘法进行绣制，主要有三种：其一，用油漆笔或荧光笔直接绘于黑色布料上，油漆笔不易洗掉，而荧光笔可以边绣边除色；其二，通过电脑绘纹样和线条；其三，与蜀绣、苏绣类似，用普通钢笔、碳素笔、铅笔等在白油纸上画图，通过硫酸纸制版、烤版，再往布料上绣制。

3.图案分类

按题材分类，羌族服饰图案大致有以下几种：

其一，生存环境中的自然万象，包括树木花草、瓜果粮食、飞禽走兽、虫鸟鱼龙等。这是羌族取之不尽，用之不竭的素材。在长期的生活实践中，人们对四季中的万物有充分的理解和认识，发挥想象而用于绣饰

四方连续发展图
李兴秀手绘

图中可见图案对称，为八瓣圆菊、尖菊花组成，寓意坚强、不畏严寒。

上为传统海棠花，下图为石榴花、桃花、金瓜花组图
李兴秀手绘

以石榴花、桃花、金瓜花组成的图，寓意多子多福。

图案中，从而赋予其不同的寓意。如羊角花因有着动人的传说，被视为姻缘之花而深得广大妇女的喜爱；吊吊花有子孙健康成长之意；"牡丹象征幸福，瓜果粮食象征丰收，虫鸟猫狗象征欢乐，梅菊花草象征秀美，鱼龙走兽象征避邪，石榴麒麟象征多子多福"①。

其二，反映民间信仰内容，体现出对日、月、山、火、水等诸多神灵的崇拜和"羊"的崇拜。服饰文化中的纹饰可以反映羌族的多神崇拜，并可加深或淡化人们的宗教观念。羌族通过绣饰表达出对日月星辰及各种神灵的敬畏之情。如火充满力量和希望，常常用于装饰男性服饰。《云云鞋的传说》反映出羌族对祖先的敬仰和崇拜。对羊的崇拜至少源于三个原因：第一，羊是天神阿爸木比塔送给木姐珠的嫁妆之一；第二，羊在传说中是重要的文化载体，有文字的经书被羊吃掉，释比杀羊绷鼓，击鼓诵经；第三，羊与羌人的生活密切相关，为衣食之源。而"羊角和云形有共通之处，在表现过程中可互为变形并派生出多种形式，作为一种符号，从一个侧面传达出羌族历史的发展"②。故，云云鞋的装饰纹样大都是羊角（云纹）。

云云鞋

其三，反映对美好生活的向往。这类图案多是组合图案，有吉祥、美好之意。如"石榴送子图"、"四羊护宝图"、"金瓜向阳图"、"火盆花开"、"团花似锦"、"凤穿牡丹"、"尖菊团花图"、"富贵花开"等。另外，羌绣还吸收了字纹，如寿、贵、万等字来表达一种祈愿。

蝴蝶金瓜图，李兴秀手绘
蝴蝶意"福"、"福禄"，金瓜意"多子"。

羊头双耳罐〈余耀明 摄〉

---

① 张犇：《论羌族"云云鞋"的装饰纹样与其生存观的联系》，《装饰》2006年第5期。
② 黄代华主编：《中国四川羌族装饰图案集》，广西民族出版社1992年版，第2页。

尖菊花图或莲花图，李兴秀手绘

以花瓣数命名，多瓣为菊、少瓣为莲。
主要用于满襟围腰、小孩包裙。

李兴秀手绘创作图

右上：蝴蝶牡丹图，蝴蝶寓意福禄，牡丹代表富贵。
右下：蝴蝶牡丹海棠图；左上：牡丹图；左下：金瓜图。

（三）图案的应用

羌族服饰图案的形态变化丰富，在图案的运用上，有使用单独纹样的，也有连续用一种纹样的，还有多种纹样的不同组合，亦包括点、线、大纹饰交叉组合。这既来源于代代传承的规矩，又来源于制作人的临时想象与发挥。但无论如何排列、穿插，所有纹饰皆兼顾实用性和装饰性，提高了作品的耐磨程度。随着羌族文化的抢救与保护工作推进，羌绣图案在各地区都得到推广。

（1）从图案可以辨析着装人的性别和年龄。着装人的性别除了从服饰的尺寸大小、形状看出来，还可以从纹饰上做出判断。一般来讲，男装的图案点缀不多，简单明快。通过腰带的颜色进行对比，同时装饰腰刀、火镰等，使男性呈现出阳刚之美。女装则装饰点多，图案有的零碎，有的连续，选题多样，富有层次，运用红、绿、蓝、黄等线绣饰时以黑色打底，突出色差，但又有过渡，让人赏心悦目，体味到女性的妩媚和温柔。

以云云纹为例，不仅有红色、白色、蓝色等不同的色彩，而且有不同造型。制作时，讲究云头不能朝下，似云彩飘动，为顺风之意，寓意羌人居于山间，与云朵为伴。展示的图形体现出男性的雄实，女性的温柔。

同样，不同年龄的服饰图案也不同。婴孩所用衣饰图案具有吉祥安康的含义，常常配饰铜镜、铜钱、银牌、铜铃以避邪，造型特别，色彩艳丽，图案明快，有姿态各异的

动物图案，孩子戴上防寒避风，可爱有加。而老年人的服饰除了选择冷色系的长衫外，用的围腰也很素雅，如松潘县镇坪等地的老年围腰中仅有简单的波纹，与年轻妇女的围腰形成强烈的对比。

（2）羌绣图案有一定的区域特点。心灵手巧的羌族女性往往根据自身环境、个人偏好，将喜爱的花草动物绣制于自己的作品中，形成了个人独特的风格，进而影响周围人群，使得一些图案相对具有区域性特点。从图案布局而言，汶川绵虒一带的十字绣受针法限制，图案组合较为固定，茂县大部分地区的纹样线条有主次之分，主题较鲜明；而在理县，汶川龙溪、雁门，茂县土门、北川一带，绣品图案布局较为均匀，随意性较强，不容易看出主次。从图案内容而言，茂县各地更为丰富，涉及山水、动物、花草图案，而其他地区多以小碎花为多。茂县黑虎乡的妇女喜欢用胡豆花装饰花鞋；叠溪镇一带的妇女信手绘制的图案独具风采。

（3）装饰图案在服饰各部位的运用略有不同。一般而言，头饰图案多用牡丹和菊花，以示富贵和长寿。无论搭帕还是包帕，均以精湛工艺，在引人注目的位置进行局部装饰。

围腰是装饰的重要部位，多采用主体性明确的独立纹样。半襟围腰中，汶川县绵虒镇羌锋村一带最为典型。均以两个荷包为中心布局，边有串花（如牙签花）排列，下方正中为团花，二者之间以吊吊花过渡，再在两边饰以角花，既解决了布局的平衡问

题，又使围腰显得漂亮大方。满襟围腰中，以茂县叠溪镇一带为代表，其装饰点有五处："大包为主要装饰部位，形成中心，两边有吊边呼应，下有通边图案兜切，形成了协调完整的整体。"①

虎飘带的纹样分节组合，纹样间隔有一定空隙，做工精细，图案多为喜鹊闹梅等喜庆纹样。

黑虎乡独特的胡豆花绣花鞋

① 黄代华主编：《中国四川羌族装饰图案集》，广西民族出版社1992年版，第3页。

|陆| 羌族服饰制作技艺的传承

一 羌族服饰制作技艺传承方式的特点

（一）妇女为传承主体

在羌族社会中，男人和女人各自承担的角色和任务不同。在"男主外，女主内"的家庭生活模式下，妇女要同时进行家务劳动和生产劳动，略有时间，便进行服饰手工制作。她们自小接受服饰制作技艺的训练，大约从10岁开始，在其母亲、祖母的指导下，"一学剪，二学裁，三学挑花绣布鞋"，因此，羌族女性是服饰制作技艺的传承人。

羊皮褂由男性制作，使用周期长，制作工艺不复杂，很少有专门的制作人，加之随着生活条件的改善，人们仅在劳作时穿着，使用次数大为减少。因此，除羊皮褂外，羌族男性所穿的衣饰来源于两个渠道：一是包括母亲在内的母系或父系家族的女性赠送；二是妻子制作。云云鞋、鞋垫、飘带、通带、鼓肚子均可做定情之物。以云云鞋为例，男人穿母亲做的云云鞋，代表着长辈的寄托和希望，穿上鞋能脚踏实地，踏实做人。当他青春年少时，对他心仪的姑娘就会绣制云云鞋以表情谊。

同时，羌族女性很少出外打工，大部分女性长期固守在家庭内，与外界交往不多，她们实际上更重视传统，因而成为传统服饰

传承羌绣技艺〈余耀明 耿静 摄〉

技艺传承的主体,对服饰技艺传承所起的作用远远大于男性。

(二)家庭内的母女传承和开放式的社会传承并重

羌族服饰制作技艺的传承,首先表现为家庭内的母女传承。一般女孩到10岁左右就会开始跟随母亲或者祖母学习,到20岁左右出嫁时,就基本掌握了所有的服饰制造技艺。其次,羌族服饰有很强的社区传承性。羌寨一般几十户聚居于河坝、半山或高半山,通常是聚族而居,不同家庭之间多少有着血缘关系或姻亲关系。在长期的生活中,户与户之间形成了一种你来我往、互相帮忙的互助习俗。碉房屋顶的晒台,就是村民间相互交流的场所。大家聚在屋顶聊天做活,彼此关系和睦融洽。在农闲时,妇女会聚在一起,边从事服饰制作边聊天,针线活不离手,互相模仿对方创新的花样,形成社区传承的氛围。这种氛围,有利于服饰制造技艺的交流和传承,对文化保存有良好的促进作用。

(三)依靠非连续时间进行传承

服饰制作的实践性很强,必须在操作的过程中磨炼技巧。同时,还需要一定的悟性。女孩在家依靠母亲及长辈的指点习得传承技艺,也只能利用空闲时间或农闲时节进

因地震搬迁到邛崃的羌族移民闲暇时做手工活〈耿静 摄〉

行实践，并在社区妇女的共同实践中进一步提高。这种学习过程是断断续续的，没有连续的时间段。

（四）传承人传承技艺有双重目的

女孩10岁左右开始受到服饰制作技艺的启蒙，在长期的实践中得到锻炼，出嫁之前是其技艺发挥的一个高峰期。在羌族社会中，对待嫁女孩的评价标准，不是看女孩漂亮与否，而是看女孩子是否勤劳，是否会操持家务，是否心灵手巧。女孩则通过自己精心裁剪、制作的漂亮服饰和鞋子来回应人们的要求。实际上，女孩从开始学习羌绣技艺的那天起，就在为自己今后的嫁妆做准备了。她一生中展示其刺绣技艺的一个巅峰就在出嫁前夕，在婚礼上，女孩会展示其做出的漂亮嫁衣、最好的云云鞋和最美的鞋垫。理县蒲溪乡休溪村的一名妇女谈到，到出嫁之前，女孩通常都能做100双鞋，出嫁时带走的鞋的数量，是按装鞋的工具即背篼来计算，一背篼装10双，可有10余背篼。这样到

嫁妆〈孟燕 摄〉

婆家后，可证明自己能干，不会被男方家庭轻视。在汶川县羌锋村，新人结婚时有男方家的长辈在新郎家中举行敬神的仪式，正式告知祖先及诸神家里添人进口，祈求家道兴隆人丁兴旺。待敬神完毕，"新娘赠送男方家主要近亲一人一双自己做的鞋子"[1]，也要送鞋给红爷表示感谢。这是新娘手工技艺的展示机会，也是得到男方家族认可的重要时机。结婚后，她会同丈夫的母亲、姐妹一道为家人的穿着而操劳。当她的孩子有10多岁时，亦重复自己走过的路。

因此，羌族服饰技艺的传承人进行传承的目的是双重的，一是日常生活的需要，二是获得社会的好评。她们在习得技艺后，丰富和发展自己的技艺，并继续传承下去。

（五）没有衡量传承技艺合格的标准

羌族服饰制造技艺的传承内容没有经过系统的归纳和整理，接受传承的人主要凭自己的悟性进行模仿，待技艺熟练后，才能够逐步融入自己的一些创新。因此，学习是否合格，没有统一标准，只要实用、好看即可。当然，作为未婚女子，服饰制作技艺的水平高，是其嫁入婆家后获得接纳和认可的重要途径之一。所以，女性对自身技艺的要求也较高，力争精益求精，决不愿受到同龄人和村中其他人的耻笑。

① 徐平：《羌村社会》，中国社会科学出版社1995年版，第145页。

（六）传承具有地域性

羌族村寨中的通婚范围不大，多数在相邻的村寨。加之羌族妇女在家里是主要劳动力，还要操持家务，走出村寨的时间并不多。她们生活的圈子以家庭和村寨为主。即便到外地走亲访友，时间也较短。因此，跨一定区域，特别是跨县之间的服饰制作技艺，彼此的交流机会并不多。再者，缝制的衣物具有实用性，主要展示于所处的村落环境。同一地方的妇女对服饰的色彩偏好、样式、制作技艺都有趋同性，技艺传承具有地域性特点。

二 羌绣技艺传承的新方式

羌族刺绣技艺是羌族服饰制作工艺中最重要的组成部分之一，近年来，出现了新的传承方式。

（一）羌寨绣庄的启示

李兴秀与其他羌族妇女一样，心灵手巧，喜爱刺绣。她没有想到的是，闲暇时间的刺绣，竟然让她绣出了锦绣前程，也绣出了羌乡妇女的自尊、自强、自信与自立。1992年，她带着6个徒弟在茂县县城开了一家缝纫店。由于她为人诚恳，技术精湛，价格合理，生意很快就兴隆起来。随着九寨沟黄龙旅游业的发展，她以过人的胆识把羌绣商业化，取得了成功。1994年，创建了全国第一家专业从事羌族服饰和羌族手工艺制品的私人企业——茂县羌寨绣庄，直至今日，公司发展为四川羌寨绣庄有限责任公司。公司在羌族传统服饰基础上，通过不断探索、钻研和实践，从成立之初能生产十多种羌族服装款式发展到能生产和销售一百多种款式的羌、藏服饰和各种手工艺品。有着较强的设计能力，产品有四大类，即服饰系列、手工艺品系列、装饰品系列、包装品系列，产品自成体系，拥有一定规模，在成都、茂县、九寨沟县、北川县等地都开设了分店。手工刺绣品受到了国内外游客的喜爱，也深受专家和业内人士的好评。

从家庭手工制作到企业运作与管理，打破了羌族长期以来形成的绣花是女性消磨闲暇时光的思维定式和手工制作方法限制。成功在于走出了一条民族化与市场化结合的路子。

（二）北川羌绣的发展

1.羌绣发展的历史背景

到700多年前，南宋朝廷设置了龙州三寨长官司，推行土司制度。"龙州三寨"，指白马、木瓜和白草，其中，白草即指今北川的广大地区。明时，土司制度进一步完善，在今北川的开坪、坝底新增两个小土司。明嘉靖二十六年（1547），明军对都坝河、白

羌寨绣庄〈耿静 摄〉

李兴秀开展羌绣传承活动

汶川县羌锋村举办羌绣传承活动〈耿静 摄〉

汶川尔玛吉娜文化传播公司设计的T恤衫〈耿静 摄〉

草河以及青片河中游地区进行大规模征伐，将据险称雄的羌寨地方势力摧毁。1565年，明朝开始"改土归流"，原属龙州土司领地的北川东南部自播鼓至陈家坝、桂溪、都坝、贯岭等地，改由地方政府直接管理。县境中西部的开坪、小坝、桃龙、片口、墩上、坝底以及青片、禹里的部分地区，则继续实行土司制度。1703年，朝廷对这些地区实行"改土归流"，并实行"番寨"自治政策，即设置若干既懂羌语又会汉话的人做"通司"，负责向羌民传达县令，反映羌民的意见，羌寨自行办理日常事务，知县办理刑狱诉讼案件。而靠近茂县的青片河上游地区的羌寨经过清初的征服被五位土司管理。直到1935年，土司制度完全废止。这是北川羌族逐步接受汉文化，由自行其事的"生番"到接受地方政府管束的"熟番"的演变过程。

1959年前，归地方政府直接管理的大部分北川地区，已经被视为"汉区"，人们普遍会说汉话，从汉俗。但偏远之地的羌民仍保持着鲜明的民族特色。新中国成立以后，条件较好地区的羌人普遍着汉装，并认为是汉族。直至20世纪80年代初，仅将从茂县划入的马槽、白什、青片等乡的部分地方视为羌族地区。改革开放以后，北川全面贯彻落实党的民族政策，先后恢复和改建了部分民族乡。并应广大少数民族群众的要求，在全

县范围内开展了恢复、更正民族成分的工作。[1]至1997年末，北川恢复和更正民族成分工作基本结束，全县有少数民族12个，其中，羌族近7.66万人，占全县总人口47.8%。2003年，经国务院批准，北川改建为羌族自治县。[2]

在这样的历史背景下，北川大部分地区的羌族文化由于受到汉文化的影响，民族特征表现不明显，而在青片、白什、马槽等西北偏远地区，由于临近茂县及交通不便，保存了较为完整的羌族文化。其中，服饰亦得到部分的保留。

2.羌绣的发展

羌绣在北川的恢复和发展与当地政府的努力分不开。一直以来，北川相关单位为挖掘、保护和弘扬羌族服饰文化采取了多种措施：其一，对尚存的服饰文化进行深入调查、挖掘、整理；其二，利用刺绣在本地深厚的群众基础，对刺绣工艺进行再培训和推广；其三，派人到岷江上游的羌族地区进行考察，学习传统羌族文化，对服饰文化进行一些复制或移植；其四，请岷江上游羌族地区的文化传承人到本地进行文化传授。

四川羌寨绣庄有限责任公司的业务服务范围拓展，进入北川，专门制作羌族服饰，给当地提供了方便，并起到了宣传作用，也给当地羌绣企业的发展提供了借鉴。

"5·12"特大地震后，北川把发展羌

① 四川大学历史系赴北川实习组：《北川县青片乡羌族社会历史调查报告》，载《北川羌族》编委会：《北川羌族》，2000年内部印刷，第268~269页。
② 参阅赵兴武等：《从土司领地"番寨"到羌族自治县》。

绣产业作为解决大量妇女灵活就业的突破口，通过政府扶持、技能培训、产业培育，初步形成了以研发、生产、营销为一体的羌绣产业链。截至2012年底，全县有羌绣企业11家。其中，成立的北川绣娘文化产业开发有限公司，以横向联合的方式，通过羌绣研发中心开发，生产出了羌绣服饰、羌绣工艺品、礼品、旅游饰品四大类产品，具有鲜明的民族特色和时代特征，为羌绣产业打开了一片天地。

床帏及局部图案
北川县文化馆提供

2009年在茂县土门乡收集。清代绣品，红底布面丝绣床罩。有三组花鸟图案，以丝线绣制，颜色多彩而淡雅，用四对神态各异的蝴蝶穿插于每组图案之间。床罩下部用白色棉线编织成流苏。幅长181厘米，幅宽38厘米，流苏23厘米。

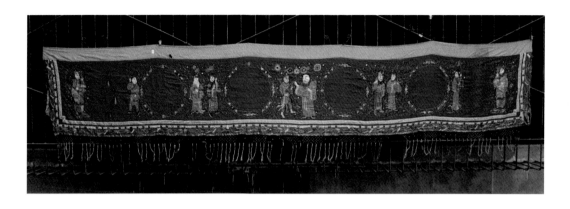

新禧帷幔
北川县文化馆提供

2009年收集于茂县石鼓乡

清代绣品，为新婚贺礼，在红色缎面上用"堆绣"技法制作。尚留有竖写黑字字迹：（右）"新婚之喜"，（左）"愚弟黄大□陈养全贺"。整个构图对称、生动，10人神态各异，形象逼真，之间用石榴、荷花、仙桃连接，寓意吉祥、圆满。四周用平绣镶边，下有棉线编织成网状及用纸裹紧而制成的圆柱体流苏。加饰镶有玻璃的铜环，帷幔显得喜庆、富贵。幅长420厘米，幅宽70厘米，流苏长22厘米，镶边宽2.5厘米。

新禧帷幔
北川县文化馆提供

茂县尔玛云朵羌绣馆展示的生活用品〈耿静 摄〉

北川吉娜羌寨的农家小店〈耿静 摄〉

|柒|配饰.

配饰是"服的附加物或替代品，并随着社会文化的发展变化而日趋丰富，其中蕴含的社会文化内涵的层面也随之复杂"[1]。羌族服饰也一样，配饰材质不同，特点各异，具有装饰和实用的双重效果。

一 在羌族地区出土或收集的配饰

从民国时期起，羌族地区即发现了大量的古文化遗址和石棺葬遗址，出土了众多的随葬品。期间，部分具有装饰意义的物品为民间爱好者收藏。

出土的战国时期金质和铜质羊头饰品与汉代银制耳环〈耿静 摄〉

---

① 邓启耀：《民族服饰：一种文化符号》，云南人民出版社1991年版，第176页。

战国铜镜及串珠

摄于2009年6月25日茂县举办的羌族民俗文化展

铜镜上有羊头装饰。串饰颜色多样，粗细较为
均匀，长短不一，有珠状和管束状，但排列有
规律。

二 物件配饰

羌族喜欢佩戴首饰。首饰有的是长辈传下来的，有的是外地银匠到村寨，由各家提供银子，请其打制而成，还有的在外地购买。按照配饰的装饰位置，大致有以下几种：

（一）头部配饰

包括头饰、耳饰。

1.头饰

头饰有的直接饰于头发，如发簪、发箍、发套、细绳等，有的通过饰于冠帽、巾帕来表现，如银牌、玉石、贝壳、铜镜、兽爪、铜钱等。

帽饰，从年龄上划分，童帽是幼童服饰的主要装饰品，款式多样，均点缀有寓意深刻的饰物，饱含祈愿孩子平安和健康之意。主要有三类：一是用动物的齿、毛、爪等来装饰。如在理县蒲溪乡休溪村拍摄的儿童帽，帽子右边系一束狗尾巴，右上方系狗的爪子，起避邪的作用。二是用宗教用品、玉石、铜钱、银牌、铜镜、各种汉字绣于帽檐，既增加童趣，又表达出家长的意愿。从

儿童帽　理县蒲溪乡休溪村王明方提供

茂县三龙乡合兴坝寨儿童帽〈耿静 摄〉

帽额前方用花边及银牌贴饰，帽顶两侧用羊毛做成耳朵，
再饰以铃铛、毛线、串珠等。

茂县永和乡永宁村儿童帽〈耿静 摄〉

帽额前方、帽两侧的绣饰呈山形和圆形，帽顶正中为圆形
绣片"香叭"，内置动物毛，以示辟邪。

儿童八仙帽
2009年6月摄于茂县羌族民俗文化展览

其帽檐装饰银制八仙，以示吉利。正中间有民
间信仰的八卦图银饰，以避邪。

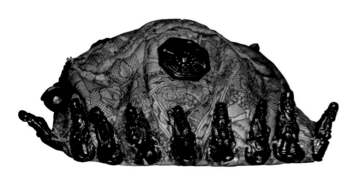

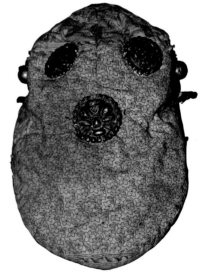

婴儿帽　杨维强提供

出生到1岁佩戴。锦缎上缝制银制帽花。

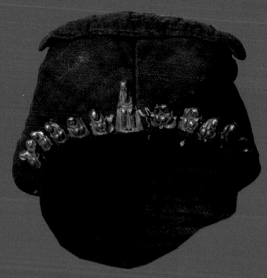

儿童帽　杨维强提供

1—6岁儿童佩戴。棉制。帽檐饰以银制品。

中还可看出，汉族文化对羌族地区的影响。三是用羌绣绣片缝于帽额前方，表达出健康成长的内容。

羌族妇女喜留长发，未婚女子梳双辫，或直接用头绳或皮筋扎头发，有的用头帕，有的不用头帕。过去，女性结婚与否的重要标识之一就是看其头饰，如果绾发髻插簪子，表示是出嫁后的妇女。现在，居住在城镇的一些羌族女性跟随时尚绾发髻。

簪子，银制。结婚时男方家作为彩礼赠送给女方。样式主要有三种：

第一种，汉语称"七只爬"。羌语"各查里"。

第二种，维城一带称之"渥"，略为复

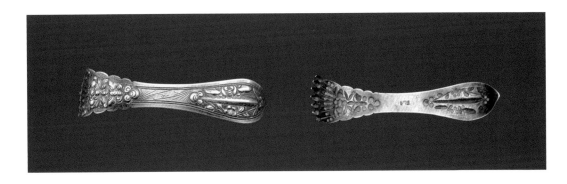

"七只爬"簪子
汶川县萝卜寨马云秀收藏〈耿静 摄〉

一端呈弧形，一端为七只爪，上有精美纹饰，由其夫购于茂县南新乡乐山村的一户人家中，在结婚那天送给她。

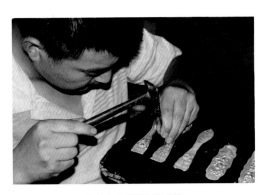

收藏人杨维强制作发簪

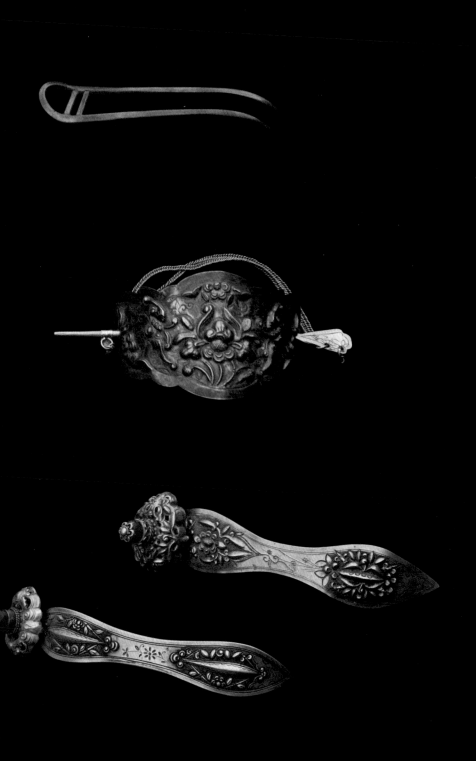

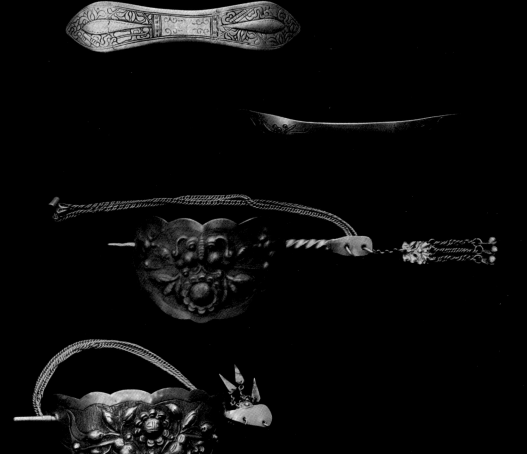

杂，为组合饰品。将头发绾成髻后，别上簪子，吊坠在一旁晃动，十分好看。系结婚时丈夫赠予之物。

第三种，婚庆时所用头花。羌语"签交贝交"。理县蒲溪乡一村民收藏。作为结婚的陪奁，此物只传女不传男。在松潘县小姓乡，男女盛装打扮时的头饰有特点。女性的头饰羌语称"阿火密"，意思是"头上戴的"。主要由蓝毛线、黄色蜜蜡（羌语"比西"）和一串珊瑚珠（羌语"西日阿括"）组成。有的还加有银子盒（羌语"额瑰"），视家庭经济条件而定。

而男性头饰，帕子正中处插野鸡尾毛，羌语称"吾里"，有的在头帕正中点缀蜜蜡。

头花
理县蒲溪乡余秀红提供

为一套银制饰品。图示仅是其中一部分。由"家婆的家婆"传下来，已经历5代人。收藏人结婚时只戴过一天，过节不戴，偶尔出门玩会儿戴一部分，平日珍藏于家中，放置在一个木盒子里。花饰上有彩丝线，造型丰富，立体感强，有石榴等瓜果花饰，富有层次。

戴头花及头花〈耿静 摄〉

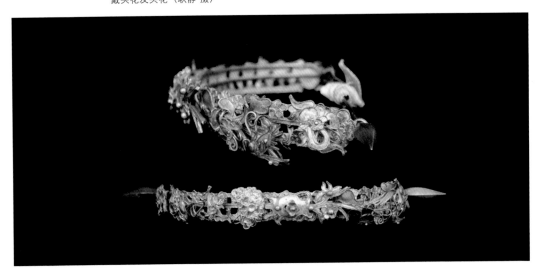

头花　杨维强提供

松潘女性头饰"阿火密"
松潘小姓乡大尔边村如妹磋提供

饰品系母亲所传

2.耳饰

羌族男女在孩提时代均要穿耳洞进行
装饰，但不是父母对子女的强制性要求。男
子只穿左耳洞，挂环状银耳环。在人们的观
念中，如果孩子经常哭闹或生病，可通过穿
耳洞来达到消灾目的，并意味着孩子将健康
成长。女孩子穿耳洞则更多地体现审美的意
愿。在十多岁即由妈妈穿耳，戴耳环。

耳环有的在县城打制，有的由长辈传
给。材质选择多样，有金、银、玉石等，但
银耳环最普遍，样式也不同。亦为嫁妆必备
物品。

耳环有吊坠与非吊坠之分。在理县蒲溪
乡，有吊坠的耳环，羌语称"晃挂米米"；
无吊坠的耳环圈，羌语称"裹落圈"。松潘
小姓乡女性过去戴有坠子的耳环，现戴环状
耳环，羌语称"涅渥"。

吊坠耳环
汶川萝卜寨马云秀收藏〈耿静 摄〉

羌语"须须尼委"，纯银质，由其母相传，环上有
纹饰，坠上有蝴蝶花，请人手工打制而成。

维城妇女佩戴吊坠耳环
茂县维城乡王龙英提供〈耿静 摄〉

吊坠耳环，羌语"穗穗"。镶有砖红色珊瑚珠4颗。
由茂县银匠打制。

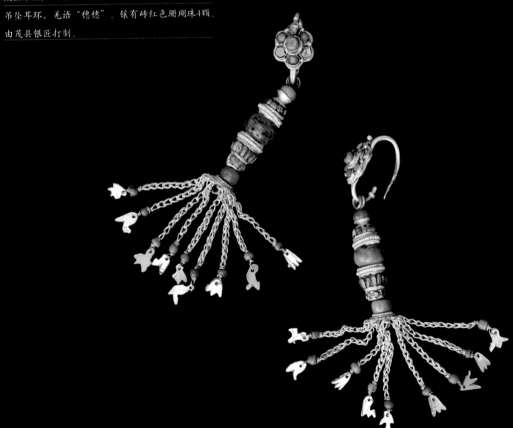

丹巴纳布村妇女佩戴吊坠耳环　饰以珊瑚、绿松石

松潘镇坪一带老年妇女盛装时所戴环状耳环〈耿静 摄〉

玉石耳环
汶川县萝卜寨马云秀收藏〈耿静 摄〉

羌语"尼渥盆盆",深绿色,共4枚,为母亲送
给她的结婚礼物购于汶川县城,已有20余年。

松潘小姓乡羌族女性所戴环状耳环　羌语称"涅渥"〈耿静 摄〉

十股须灯笼耳环〈杨维强提供〉

耳环〈杨维强提供〉

莲花灯笼耳环〈杨维强提供〉

珐琅耳环〈杨维强提供〉

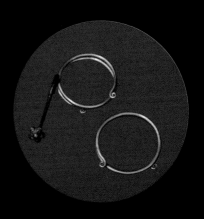

双圈耳环（寓意文武双全）〈杨维强提供〉

（二）颈部配饰

　　主要指挂于颈部，垂于胸前的饰物。如项链、项圈和串珠等。其材质各异，视家庭情况而定。大多是银制饰品。

　　有名的羌族史诗《羌戈大战》，讲述了羌人在得到神灵帮助后，在颈部系羊毛线与戈人大战获胜的故事。颈部饰以羊毛线，既有神灵护佑之意，又内含羌人的审美意念。至今，释比在主持重大法事活动时，仍有向小孩颈部系羊毛线表示神灵赐福的举动。在

少年行成年礼时，释比要给他赠送神灵的礼物，即用白色公羊毛线拴系的五色布条，系于颈部作为护身符。因此，在羌族的观念中，颈部系羊毛线是能得到神灵庇佑的。延伸开来，人们在颈部系红线或五色线也可避邪保平安。

　　（1）吊锁。羌族地区的小孩普遍挂银制长命锁、银牌，寓意平安吉祥。由长辈送给小辈。

"廷林送子"银牌
理县蒲溪乡王树兰提供〈耿静 摄〉

银制。当地称银牌，羌语"银配"。由其丈夫母亲传给，历经三代人。椭圆花瓣状，上有麒麟送子图，附有"廷林送子"四字。

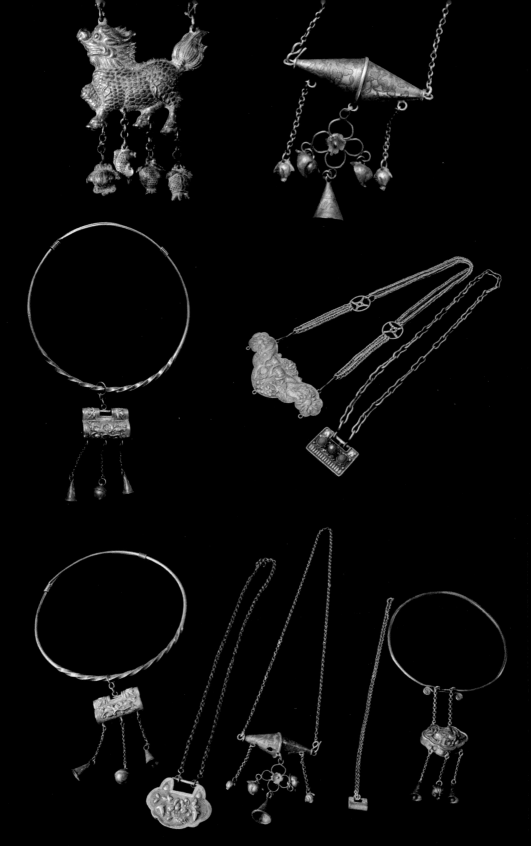

各种吊锁〈杨维强提供〉

理县蒲溪乡妇女配带的吊锁〈耿静 摄〉

（2）香包。在端午节，孩子会挂香包。"六七岁以下小孩（尤其女孩）普遍在胸襟悬佩香包，品种有棱形似鱼的'鱼香包'、对称三椎体似粽形的'粽子香包'。所谓香包即是以干艾草、菖蒲、香草为料，以彩布或笋壳（叶）裹之，再编饰以五色丝穗的小香囊（其中以粽子香包为上品）。婴幼儿的香包更别具一格，其或为指头大小的人形，或为红十字形缝在衣帽上，或臂腕束五色丝线。"①

（3）大银项圈。羌族女性着盛装时佩戴。用纯银打制，系财富的象征，并有辟邪作用。形态各异，有的点缀有珊瑚、玛瑙，有的配有银牌（"色吴"），有的下坠几十根带有银铃的银链。佩戴后动感十足，增加女性妩媚。

大银项圈 李兴秀提供〈耿静 摄〉

现代盛装女性〈余耀明 摄〉

① 汪青玉：《羌族的端午习俗》，中国知网1994－2009年学术电子期刊。

（4）项链。在茂县维城、雅都、曲谷一带，颈饰除了纯银项链，还有珊瑚珠与孔雀石类组合而成的串珠等。松潘小姓乡一带，妇女将串珠挂于胸前，含珊瑚和玛瑙等，羌语统称"西日"。也有挂玉环与银耳勺的。

珊瑚珠及不同形状的银盒
〈耿静 摄〉

珊瑚珠，羌语"毕诺"。
与孔雀石类珠子间隔相串，颜色醒目。她们认为在胸前佩戴珊瑚珠好看，是财富的象征。银盒，羌语"诺波"。由长的银项链与银盒相连组成，银盒形态各异，周边通体纹饰，正中镶嵌一颗或多颗红色珊瑚珠。寓意吉祥美丽。有的盒内放有植物，有辟邪作用。在结婚时由母亲传给。

佩戴玉环的妇女
〈耿静 摄〉

玉环，羌语"麻里雪瑰"。玉制成环状，与珠子相配挂在胸前。祖传。

胆杆饰品
杨维强提供

银耳勺，羌语"尼克萨"。又称胆杆儿。银制，如勺型，用于挖耳屎，以
孔雀石类和珊瑚装饰，与银链相合佩戴于胸，装饰效果强。茂县维城、雅
都一带流行，男女皆可佩戴。

（三）胸部挂饰

指不挂于颈部，直接缝制或挂于衣服领口、斜襟、满襟围腰顶部等部位的饰品。

（1）铜镜。羌语"文宣"。铜制，用红带相系。羌族女性结婚时佩戴。

（2）银牌。羌语"色吴"。流行于茂县叠溪镇、太平乡、松潘镇坪乡一带。妇女佩戴。纯银制作，或方或圆，边沿如六瓣花、八瓣花，直径约12—15厘米。图案各异，制作精美，内容丰富，多为花鸟或兽型图，中间有的还点缀珊瑚珠。在长衫前襟第二组盘扣上装饰。多为母女传承，以示避邪。也有学者认为，这是"战争中家族部队的徽记"[1]，是一种历史记忆符号。

（3）领花。用于装饰衣领，均匀散布于整片立领，圆形银制，图案有人物、花草等。

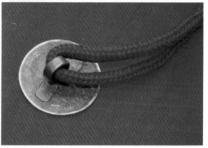

铜镜
汶川县萝卜寨马云秀提供〈耿静 摄〉

结婚时母亲相送，佩戴在衣服斜襟第二颗扣子上，结婚佩戴三天就可取下，表示避邪驱魔。

银牌〈杨维强提供〉

---

① 彭代明等：《纳啵——写在服装上的民族符号》，《民族艺术研究》2008年第4期。

不同形状及纹饰的银牌〈耿静 摄〉

不同形状及纹饰的银牌〈耿静 摄〉

不同形状及纹饰的银牌〈耿静 摄〉

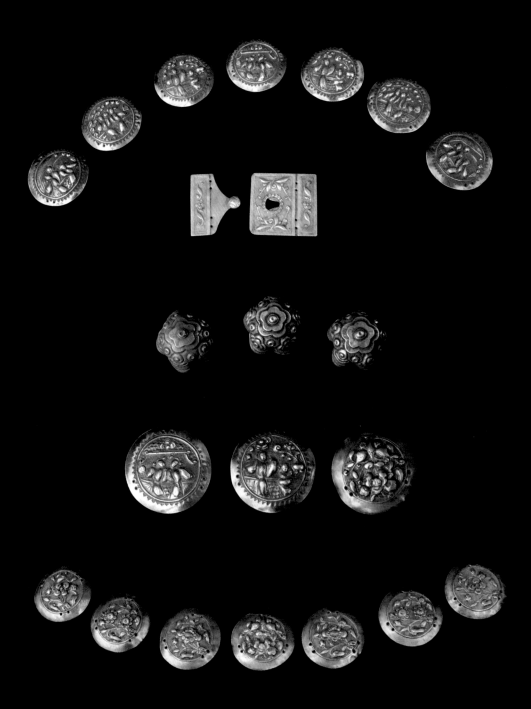

领花〈杨维强提供〉

领花〈杨维强提供〉

（4）银扣。妇女喜着满襟围腰，围腰之顶部即用银扣装饰，形似银币，直径约5厘米。既能起固定作用，又在围腰上起装饰作用，增加了装饰效果。银扣图案多样，有的看似兽头，有避邪作用。

围腰银扣〈杨维强提供〉

衣领上的荷花领扣〈杨维强提供〉

（5）盘扣。羌族长衫中的扣子多为棉质
盘扣。主要用于领部、斜襟、侧腰的连接，数
量不多，有点缀效果。家境条件好的，常以银
扣代替盘扣。现银扣还常运用于盛装服饰。

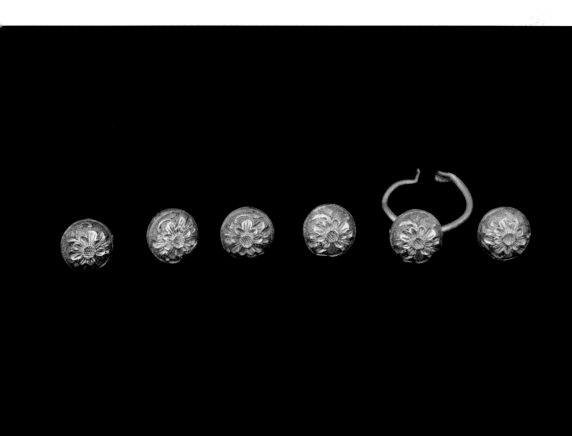

银纽扣〈杨维强提供〉

（6）挂件。女性将器物挂于长衫大襟扣子上。方便生活，并有装饰效果。

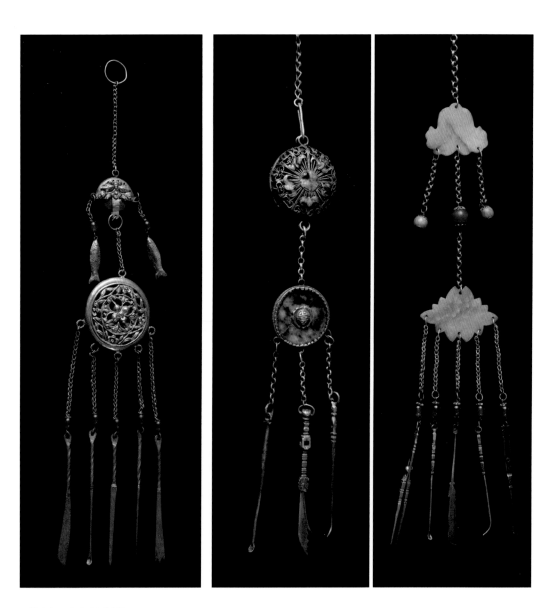

五件套与三件套生活挂件
杨维强提供

银制、系生活挂件，形制与挂件数量各有不同。右图及中图五件套饰有翡翠。左图鲤鱼跳龙门、缠枝连梅花。左至右为刮烟膏、耳勺、烟挑、烟签子（挖堵烟）、磨指甲刀。

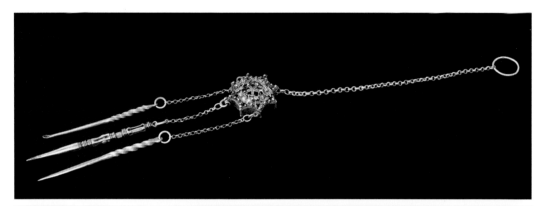

香囊挂件〈杨维强提供〉

（四）腰部饰物

腰间挂饰较多，男女有别，皆有实用与装饰双重效果。

（1）针线盒。由女性系于腰间。不同地区形制略有不同。如松潘小姓一带，羌语称之"合日"，呈方形，用两层布包加以装饰而成，而茂县制作的布包形状为方形与三角形的组合。由妈妈送给女儿，从小佩戴。也有请外地银匠到家里打制，或从县城购置。现在村寨里戴针线盒的都是中老年妇女，年

针线筒
汶川县萝卜寨　马云秀提供〈耿静 摄〉
流行于理县桃坪乡、汶川雁门、龙溪乡一带，羌语称之"合由"。木制、铁制或银制，内可放各种型号的针，外套有顶针。

针线包
李兴秀提供〈耿静 摄〉
棉布制作，用彩色丝线绣制，图案饱满，色彩艳丽，加上红色坠须后凸显装饰性，盛装佩戴。

针线筒
理县蒲溪乡休溪村　余六斤提供〈耿静 摄〉

在理县蒲溪乡一带，羌语称"黑依读"。意思是放针的地方。系于腰间。竹制、并旁挂康熙通宝小钱4枚。为其父母购买，至少50年历史。

针线盒

在茂县曲谷、雅都、维城一带，羌语称之"何茹"。银制，挂于腰带右侧，针线包的末端也有用彩线做成的流苏，或用银链串坠小铃铛，其装饰性往往大于其实用性。

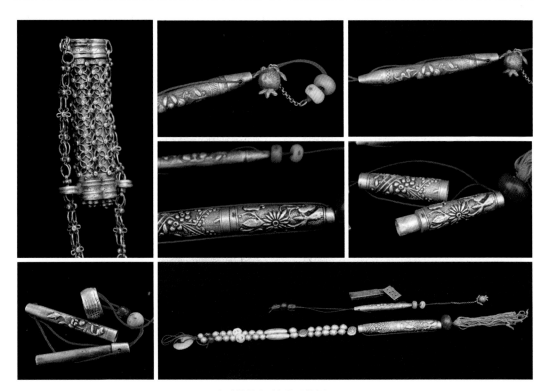

各式针线盒〈杨维强提供〉

吹口弦的妇女

轻人很少佩戴。

（2）口弦。羌语"珠里"。由男性制作。多为竹制。男女在娱乐、休闲时吹奏。平时佩戴在腰间。

（3）香囊。羌语"火尔裹"。女孩子饰品，也可作为礼物。如果18—20岁女孩比较中意某位男孩，就会送此表达心意。香囊用绸缎或棉布制作。有大有小，大的放在家中床头，小的随身携带。如心形，从心口到心尖8厘米，宽10厘米。还有方形、牛头形、三角形。有的有两重心，小的心在大心窝里。上饰以五颜六色的花朵图案，十分漂亮。香囊内装羌活、贝母、香头子三种中草药粉，具有散发香味的功效。

（4）荷包。羌语"尔裹"。羌族女性饰品。颜色各异，用来装梳子、耳环、镜子等物品。实物长19厘米，宽15.5厘米。青色，纳花绣，底有流苏，上口为拉锁，有长112厘米的荷包带。

（5）银带子。女性腰间饰品。除实用外，还是财富的象征，装饰效果强。

松潘小姓乡一带女性腰间饰品。称"孩外得罗委"。当女孩10多岁可以跳舞时就由母亲赠送，故每个女性都有一套，在盛装时佩戴。由皮带与银饰组成。皮带，又称"银带子"，羌语称"里摆"，上缀满圆形银扣，银扣个数随意，有大有小，大的称"么读"，10个左右，小的称"波日"，个数不限。正面装饰品被称为"孩外"，即"银钩钩"之意。均以牛皮带做底饰以形状各异

吹口弦的妇女及口弦

皮带及银饰品

银腰带
杨维强提供

寓意福寿万代。

麻布腰带
杨维强提供

带子以麻布制作，外裹土布，点缀银扣，并饰以珊瑚。

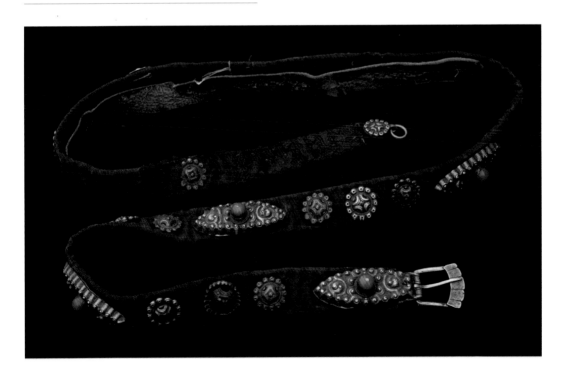

的大型银饰。圆形银饰上镶嵌有棕红的珊瑚珠、蓝色玛瑙等。

（6）鼓肚子。羌语"半读子"。男性系于腰间，略呈三角形。内有四处空间放置物品。正面中间放烟（羌语"烟"）和烟袋（羌语"烟杆"），左侧和右侧各有一单独空间放棉花草（羌语"贝加尕"）和白石（羌语"诺皮"）。背面放钱。传统以獐子皮、麂子皮制作。制作工艺：将獐子皮去毛，用子母灰（草木灰）将皮裹起，泡一天半；然后用刀刮皮；用手不断鞣制，使其变软；钉在木板或木柱上让阳光晒干；用纸做模板进行裁剪。忌讳用羊皮，羊皮只能拿来制作鼓或服装。20世纪80年代后，禁止狩猎，不用皮制作，用布代替。

麂皮鼓肚子
理县蒲溪乡村民周启云制作〈耿静 摄〉

皮制、红色云纹，又似羊头，盖底有三枚铜钱作为避邪和装饰，至少有80年历史。

鼓肚子
理县蒲溪乡村民提供

布制、红色云纹贴花绣装饰、盖底有三枚铜钱作为避邪和装饰。

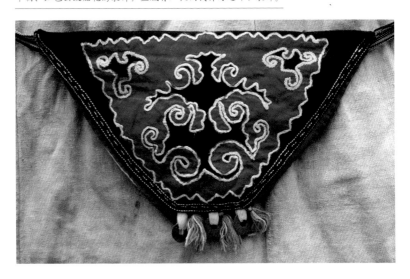

（7）火药别别。 羌语"木色夸别"。
为过去男性打猎装火药所用之物，置于衣服
下方，外人不易看出。以野牛、犏牛或黄牛
的牛角制作。将牛角锯断后，去掉牛角心，
根据需要的长度再锯，放入锅中煮，直至柔
软，再放入模具上，冷却后即成型。现作为
装饰之物，以显示其英勇威武。

（8）火镰。羌语"见尔灭"。男子必
带之物。男孩在14—15岁时，随父母上山打
猎或砍柴，开始学用火镰。火镰与白石相互
摩擦，点燃棉花草来生火。现在尽管有了打
火机，但火镰可以防水防潮，男性上山时必

鼓肚子与火药别别
理县蒲溪乡余总文提供〈耿静 摄〉

火镰
北川县文化馆提供

收集于茂县维城乡。用麻线系于腰间。以铁打制，有刀刃，
手握处常用铁与皮裹制，正中有圆形饰钉。
刀刃长10厘米，高2厘米，手柄长7厘米，高4厘米，饰钉直径2厘米。

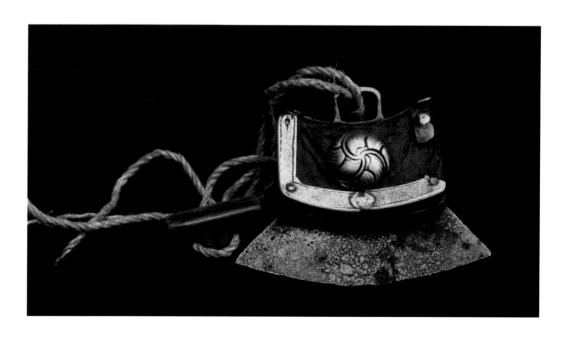

备。火镰有的是父传子，有的是学会用后，长辈为之新做的一套。

棉花草的制作：将野生棉花籽采摘回家，放入子母灰、水和成泥状放2—3天，晒干，用手指将杆剥开，变黄即可使用。

另外，羌族男子在15岁左右即可抽烟。烟种类有兰花烟、叶子烟、鼻烟。一般备有两件烟杆，有"出门拿小的，进门拿大的"的说法。许多羌族男子和老年妇女将其作为随身携带之物。

火镰
茂县杨维强提供

火镰缠银，一面梅花图，一面福寿图。

烟杆
茂县杨维强提供

多层烟盒与烟包，收集于茂县三龙乡。

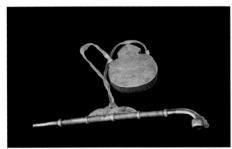

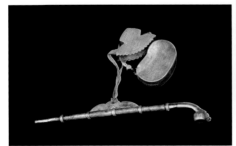

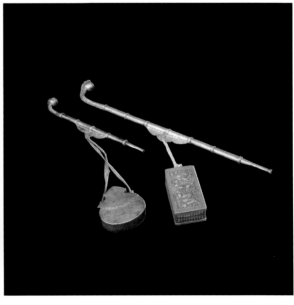

（五）手部配饰

（1）"术珠萨日"，羌语称呼。通过一定的仪式，用棉线或羊毛线系在手腕、颈部及脚踝等部位，起保平安健康、辟邪消灾的作用。

（2）手镯。又叫圈子，银质。理县、汶川一带羌语称"布古"。环状，有的刻纹饰，一般在结婚时由丈夫送给妻子。茂县曲谷、维城、雅都、松潘镇坪一带羌语称之为"亚珠"。由妈妈传给。呈环状但有端口，往往镶嵌有珊瑚、孔雀石类饰物，增添了色彩。在松潘县小姓乡一带羌语称之为"木波各"，"银圈圈"之意。有端口。

（3）戒指。有金和银两种。银制更为普遍。

在茂县曲谷、维城、雅都一带，羌语称之"依尔合"。松潘小姓乡羌语称"勒西"。有的戒面加有珊瑚珠。

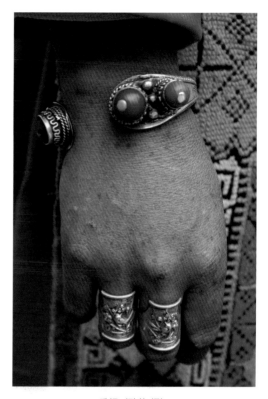

手镯〈耿静 摄〉

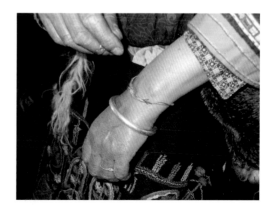

"术珠萨日"
〈耿静 摄〉

在理县蒲溪乡休溪寨，余六斤老人手腕处戴了一束多色棉线圈，羌语称之为"术珠萨日"。她身体欠佳，认为自己的"魂"丢了，遂用红、黄、绿、白、黑五色棉线缠在一只鸡蛋上，根据自己的属相，口中念念有词，并喊自己的名字，再将线缠在手腕、颈、足踝处，以"喊魂"来使身体康复。

手镯〈耿静 摄〉

喜鹊闹梅手镯
杨维强收藏

银制、环状，喜鹊闹梅纹饰。

祥云梅花手镯
杨维强收藏

银制、环状、祥云梅花图饰。

戒指

汶川萝卜寨马云秀收藏〈耿静 摄〉

羌语"琳雪"，银质，结婚时丈夫相送，
购于茂县南新乡乐山村的一户人家中。

福寿如意戒

杨维强收藏

银制，用三根银须坠寿桃。

羊头珊瑚马鞍戒
杨维强收藏

银制、用珊瑚点缀。

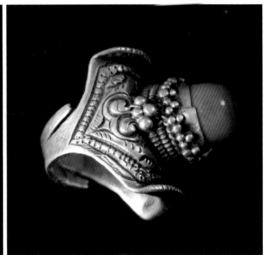

马鞍戒、四心戒与手镯
杨维强收藏

均为银质。

三　体饰

1.发式

羌族妇女蓄发，不喜短发。通过发辫可以看出妇女的身份。未婚女子长发为独辫或双辫，简单而活泼，结婚女性则要在脑后绾成发髻。

2.穿耳

羌族女孩一般在端午节穿耳。先用花椒反复搓女孩的耳郭，待耳郭麻木后，用花椒刺刺穿耳垂，涂上雄黄酒，以防其感染发炎，再戴上银耳坠即可。这是羌族姑娘开始角色化的重要一步，也是其女性地位渐被人们承认的明显标志。①

3.面饰

主要是女性结婚前要举行"扯脸上梳"仪式。

以茂县永和乡为例，女花夜时，仪式在算好的时间举行，羌语称"各特尔"。行仪式前，要"踩斗"：在新房内进行。算命先生事先算出新娘的坐向和面向。将盛有粮食的斗放在新房内的一张桌子上（在永和乡的永宁村，把斗放在地上）。上烧三炷香、一对蜡。并一同放置好梳子、篦子、头绳、头套子和煮好的鸡蛋。扯脸的人要对新娘说祝福用语，表达夫妻和睦之意。然后，新娘面向斗，用右脚做踩状。之后，进行扯脸上梳。先用干子母灰（草木灰）擦新娘的脸，然后用热的熟鸡蛋来回滚动，有去污美容的作用。请一名八字相合的妇女用红色或白色的绳线为新娘扯脸除去脸上汗毛，所用的线较细，由手工线搓成，必须牢实，不能断，寓意吉利。然后再上梳。上梳的人必须是与新娘生辰八字相合的12岁以内的孩子，一女一男，女孩执梳子，男孩拿篦子，他们象征性地为新娘梳理头发。表示白头偕老。仪式完毕，家人要给扯脸和上梳人红包，金额不限，必须是双数。

① 汪青玉：《羌族的端午习俗》、中国知网1994－2009年学术电子期刊。

四 其他配饰

粮袋
松潘小姓乡大尔边村除泽里提供〈耿静 摄〉
膨体纱线材质，制作于2005年。

一　服装保存

由于羌族大都居住于高寒地带，长冬无夏，每日日照长，温差大，无穿短衣短裤的时节，着装变化不大。他们在劳动生产时着装比较简单、随意，节庆活动或休闲时才盛装打扮。

用彩色丝线绣制的服装多在节庆或隆重的日子穿着，由于丝线洗后褪色，故尽量少洗或只进行局部清洗，注意防潮防虫。20世纪70年代以来，膨体纱线因耐洗、色彩丰富而受到羌族妇女的喜爱，代替丝线成为刺绣用线，绣饰于衣襟、腰带、飘带、鞋子等。比较而言，麻布类服装耐磨性强，棉布类服装不易受潮生虫，化纤类服装不会褪色、生虫、受潮，保存更加容易。衣服脏了即洗，置于太阳下晒干，收藏时麻布、棉布等不同质地的服装常常放在一起，在衣柜内放一点叶子烟，可以避虫。因此，其服装保养方法简单，成本很低。

绑腿平时成卷收藏。脏了即洗，挂在竹竿上暴晒，保证干燥。可用十余年。

羌族民间有"晒龙袍"的习俗。逢农历六月六日（羌语"主罗主甲"），各家要将老人的老衣或珍贵的衣服拿出来晾晒，保证干燥，不受虫蛀。老衣是子女们提前为年过半百的父母准备的寿衣，体现出子女的孝顺，让父母对身后事放心。

羊皮褂的保养较为复杂。羊皮褂做好之后会涂抹一层猪油，一般一件用量一斤多，放置在通风处，等褂子慢慢吸收，当其从发黑恢复到原来的颜色后，即可穿用。有的会鞣制一下，使之柔软，穿着舒服。天气变暖，无须穿羊皮褂时再涂上一层油，有防护效果。如果淋雨或被水淋，只要及时上油，可避免脆裂受损。如果需要洗，先用水泡，待软后用洗衣粉洗，洗后晒干、上油即可。有的老人穿绵羊皮制成的羊皮褂，通常不上油。要蒙一层黑布，便于保暖和清洗。清洗时用盐水浸一下，等皮变软后用洗衣粉洗。这样，羊皮褂就会越洗越白。

另外，现已难觅踪迹的铠甲服饰，据了解在收藏时应堆放成"宝塔形状"，并将其作为"神器"供奉，以求战争时凸显出保护自身、威慑对手的作用。

二　配饰的保存

主要是银器的保养。

小孩的手镯、长命锁戴至三岁左右，即被家长收藏。用布包好，或用木匣放置。

妇女平时仅佩戴发簪、耳环、戒指、手镯。更多的首饰平时收藏起来，只在节庆才佩戴。当女儿出嫁或媳妇进门时，妈妈或婆婆会选择一些首饰赠予她们。因此，首饰作为饰品和财富的象征，一直被妇女所珍藏，会放置在干净、隐蔽的地方。

倘若银器出现发黑现象，要进行清洗。方法有几种：用灶灰清洗；用牙膏清洗；拿到县城卖银器的店铺清洗。

男性配饰无须保养，只要保存好即可。男孩长大后，父母会为之配置一套，如火镰、火药别别等。过去，因为生活所需而随时佩戴在身。现在，需要上山采伐或表演时，才会派上用场。

三 相关机构收藏与保存

羌族是中国五十六个民族的一员，其服饰作为民族文化的物质载体，在国家和相关省市博物馆均有收藏。近年来，也有一些私人开始收藏。收藏并展示的机构主要有：北京民族文化宫、中央民族大学博物馆、北京服装学院中国民族服饰博物馆、中国妇女博物馆、四川省博物馆、四川大学博物馆、西南民族大学博物馆、茂县中国羌族博物馆、汶川博物馆、北川民俗博物馆、汶川县龙溪乡羌人谷民俗文化

茂县中国羌族博物馆〈李祥林 摄〉

博物馆等单位。在民间尚有私人收藏，如桃坪羌寨博物馆。国外也有部分机构收藏有羌族服饰，如日本国立博物馆、爱知大学博物馆等。

从收藏内容看，多收藏有完整的男女服饰一套或多套，以茂县服饰为多。全面反映羌族服饰的馆藏较少。四川大学、西南民族大学的博物馆收藏有释比的服饰及法器、铠甲服饰。茂县羌族博物馆收藏服饰的同时，还收集有民俗用品，以期参观者能了解当地羌族的全面情况。

从保存效果来看，所述机构对服饰保护较好，服饰的搜集、登记入库均有严格的手续，均采用科学的方法进行陈列、展示，并定期对之进行防潮、防臭等处理。

近来年，配合旅游宣传，羌族服饰展示成为羌族文化宣传的重要内容之一。

参考文献

〔北川县政协文史委及北川县政府民宗委〕
《羌族民间长诗选》，1994年内部编印。

〔《北川羌族》编委会〕
《北川羌族》，2000年内部印刷。

〔陈兴龙〕
《羌族释比文化研究》，四川民族出版社2007年版。

〔程昭星〕
《贵州羌族述略》，载《四川省志·民族志》编委办公室：《羌族研究》第二辑。

〔邓启耀〕
《民族服饰：一种文化符号》，云南人民出版社1991年版。

〔耿静〕
《羌乡情》，四川出版集团巴蜀书社2006年版。

〔耿少将〕
《羌族通史》，上海人民出版社2010年版。

〔葛维汉著、耿静译〕
《羌族的习俗与宗教》，载李绍明等选编：《葛维汉民族学考古学论著》，
四川出版集团巴蜀书社2004年版。

〔国家民委民族问题五种丛书编辑委员会，《社会历史调查资料丛刊》编辑组，四川省编辑组〕
《羌族社会历史调查》，四川省社会科学院出版社1986年版。

〔何斯强、蒋彬〕
《羌族——四川汶川县阿尔村调查》，云南大学出版社2004年版。

〔胡鉴民〕
《羌族之信仰与习为》，李绍明等编：《西南民族研究论文选》，
四川大学出版社1990版，第201页。

〔教育部蒙藏教育司〕
《川西调查记》，教育部蒙藏教育司出版社1943年版。

〔黄代华主编〕
《中国四川羌族装饰图案集》，广西民族出版社1992年版。

〔黎光明、王元辉著〕
《川西民俗调查记录1929》，中央研究院历史语言研究所史料丛刊，2004年版。

〔李绍明〕
《清谢遂〈职贡图〉中的羌族图像》，《四川文物》1992年第4期。

〔林俊华〕
《为大清戍守边防的丹巴羌族》，《阿坝师范高等专科学校学报》2005年第2期。

〔罗世泽、时逢春整理〕
羌族民间叙事诗《木姐珠与斗安珠》，四川民族出版社，1983年版。

〔茂县地方志编纂委员会办公室编印〕
《道光茂州志》，2005年内部刊印资料。

〔茂县地方志编纂委员会办公室编印〕
《茂县羌族风情》，2005年内部刊印资料。

〔彭代明等〕
《纳啵——写在服装上的民族符号》，《民族艺术研究》2008年第4期。
张审：《论羌族"云云鞋"的装饰纹样与其生存观的联系》，《装饰》2006年第5期。

《羌族词典》编委会：
《羌族词典》，巴蜀书社2004年版。

〔《羌年礼花》编辑部〕
《羌族历史文化文集》（1—5集）。

《羌族的历史、习俗和宗教——中国西部的土著民族》，
陈斯惠译，汶川县档案馆1987年内部出版。

〔冉光荣、李绍明、周锡银〕
《羌族史》，四川民族出版社1984年版。

〔任乃强〕
《羌族源流探索》，重庆出版社1984年版。

〔四川阿坝州文化局主编〕
《羌族民间故事集》，中国民间文艺出版社1988年版。

〔四川省阿坝藏族羌族自治州理县志编纂委员会编〕
《理县县志》，民族出版社1997年版。

〔茂汶羌族自治县地方志编纂委员会编〕
《茂汶羌族自治县志》，四川辞书出版社1997年版。

〔四川省阿坝藏族羌族自治州松潘县志编纂委员会编〕
《松潘县志》，民族出版社1999年版。

〔四川省阿坝藏族羌族自治州汶川县地方志编纂委员会编〕
《汶川县志》，民族出版社1992年版。

〔四川省少数民族古籍整理办公室主编〕
《羌族释比经典》（上、下卷），四川民族出版社2009年版。

〔四川大学历史系赴北川实习组〕
《北川县青片乡羌族社会历史调查报告》，
《北川羌族》编委会：《北川羌族》，2000年内部印刷。

〔（英）托马斯·陶然士〕
〔张善云编〕
《羌族情歌三百首》，中国戏剧出版社2004年版。

〔汪青玉〕
《羌族的端午习俗》，中国知网1994－2009年学术电子期刊。
〔王明珂〕
《羌在汉藏之间：川西羌族的历史人类学研究》，中华书局2008年版。

〔西南民族大学民族研究院编〕
《川西北藏族羌族社会调查·羌族调查材料》，民族出版社2008年版。

〔《西羌文化》编辑部〕
《西羌文化》。

〔徐平〕
《文化的适应和变迁——四川羌村调查》，上海人民出版社2006年版。

〔于一等著〕
《羌族释比文化探秘》，中国戏剧出版社2003年版。

〔周锡银等〕
《羌族》，民族出版社1993年版。

〔庄学本〕
《羌戎考察记》，四川民族出版社2007年版。

附录

羌族服饰类非物质文化遗产名录

级别	项目类别	项目名称	申报地区
国家级	民间美术	羌绣	汶川县、茂县
省级	民间美术	羌绣	汶川县、茂县
	传统手工技艺	羌绣	茂县、汶川县
	传统手工技艺	银饰锻制技艺	茂县
	传统手工技艺	皮革制作技艺	茂县
	传统手工技艺	羌族剪纸技艺	茂县
	传统手工技艺	麻布编织技艺	茂县
	传统手工技艺	羌族羊皮褂制作工艺	汶川县
	传统手工技艺	羌族麻布衣制作工艺	汶川县
市（州）级	民俗	挂红习俗	茂县、理县、汶川县
	传统手工技艺	羌族纺织技艺	茂县
	传统手工技艺	羌族服饰制作技艺	茂县
	民间美术	羌绣	北川县
	民俗	万年孝习俗	茂县
	民俗	成人冠礼	汶川县
	民俗	成年礼	茂县
	民俗	羌族婚礼	茂县

县级	民间美术	羌绣	汶川县
	民间美术	羌绣	理县
	民间美术	羌族剪纸	茂县
	民间美术	羌绣	茂县
	民间美术	羌绣	北川县
	民间美术	羌绣	平武县
	传统手工技艺	羌族羊皮褂制作工艺	汶川县
	传统手工技艺	羌族剪纸技艺	茂县
	传统手工技艺	羌族皮革制作技艺	茂县
	传统手工技艺	麻布制作技艺	茂县
	传统手工技艺	羌绣绣制技艺	茂县
	传统手工技艺	冷焊技艺	茂县
	传统手工技艺	羌族银饰锻制技艺	茂县
	民俗	挂红习俗	茂县
	民俗	万年孝习俗	茂县
	民俗	成人冠礼	汶川县
	民俗	成年礼	茂县
	民俗	羌族婚礼	茂县

羌族服饰类非物质文化遗产名录项目代表性传承人

级别	项目名称	姓名	申报地区	入选批次
国家级	羌族传统刺绣工艺	汪国芳	汶川县文化体育局	第三批
省级	羌族传统刺绣工艺	陈清芳	茂县	第二批
	羌族传统刺绣工艺	李兴秀	茂县	第二批
	羌族传统刺绣工艺	马新琼	茂县	第二批
	羌族传统刺绣工艺	汪斯芳	汶川县	第二批
	羌族传统刺绣工艺	陈平英	汶川县	第二批
	羌族传统刺绣工艺	王露群	理县	第二批
	羌族传统刺绣工艺	汪国芳	汶川县	第二批
市（州）级	羌绣	王国芳	汶川县	第一批
	羌绣	杨树兰	汶川县	第一批
	羌绣	刘兴蓉	北川县	第一批
	羌绣	陈莉	北川县	第一批
	羌绣	陈云珍	北川县	第一批
	羌绣	陈利	北川县	第一批
	羌绣	肖玉茹	北川县	第一批
县级	羌绣	汪斯芳	汶川县	第一批
	羌绣	余国莉	汶川县	第一批
	羌绣	陈平英	汶川县	第二批
	羌绣	余世秀	汶川县	第二批
	羌绣	王小芳	汶川县	第二批
	羌绣	王玉芳	汶川县	第二批
	羌绣	汪国芳	汶川县	第二批
	羌绣	汪清梅	汶川县	第二批
	羌绣	王全英	汶川县	第二批
	羌绣	高勇芳	汶川县	第二批
	羌绣	汪太英	汶川县	第二批
	羌绣	王国理	汶川县	第二批

	羌绣	王国武	汶川县	第二批
	羌绣	王国文	汶川县	第二批
	羌绣	杨树兰	汶川县	第二批
	羌绣	袁秀慧	汶川县	第二批
	羌绣	王春花	汶川县	第二批
	羌绣	王秀花	汶川县	第二批
	羌绣	林福美	汶川县	第四批
	羌绣	马吉绘	汶川县	第四批
	羌绣	汪勇珍	汶川县	第四批
	羌绣	陈福芳	汶川县	第四批
	羌绣	余先云	汶川县	第四批
	羌绣	马永兰	汶川县	第四批
	羌绣	王天华	汶川县	第四批
县级	羌绣	汪爱香	汶川县	第四批
	羌绣	陈小兰	汶川县	第四批
	羌绣	王露群	理县	第一批
	羌绣	刘兴蓉	北川县	第一批
	羌绣	陈 莉	北川县	第一批
	羌绣	杨 利	北川县	第一批
	羌绣	陈云珍	北川县	第一批
	羌绣	肖玉茹	北川县	第一批
	麻布衣制作	王国燕	汶川县	第四批
	麻布衣制作	王国琼	汶川县	第四批
	麻布衣制作	马国会	汶川县	第四批
	羊皮褂制作	王国勋	汶川县	第四批
	羊皮褂制作	王顺文	汶川县	第四批
	编织技艺	龙升玉	理县	第一批
	挂红习俗	王国云	汶川县	第四批

后 记

项目组在曲谷乡西湖寨与当地村民合影

    这本书的缘起，是中国民间文艺家协会规划了《中国服饰文化集成》系列卷本，列入"中国民间文化遗产抢救保护工程"，羌族卷是首批卷本之一。

    在接到这个项目后，我们立即给四川省文联党组做了汇报。5·12汶川大地震之后，一切为保护羌族文化的工作都被放在了重要的位置，如协助中国民协完成的《羌去何处》、《羌族文化学生读本》、《羌族口头文学集成》等等。由冯骥才、向云驹撰写的《羌族文化学生读本》还分别在北京人民大会堂和四川省文联举行了首发式和面向羌族学生的捐赠仪式。这次对羌族服饰的考察、编纂，也一如既往地得到文联党组领导的认同和支持，于是，我们的首次普查便于2008年9月开始了。经过理县、茂县、松潘、汶川、北川、丹巴6县众多村寨的实地调研，至今，大家谈及从丹巴太平桥乡纳布村海拔3900米挤11人的小越野车下山的惊险，以及在茂县县城及曲谷乡西湖寨山巅遭遇的多次余震，脸上呈现出的已是轻松的微笑，留在心里的更是美好的记忆了。

四川是羌族最大的聚集区，在有语言无文字的羌族社会里，有丰富的口头文化遗产，有以白石为特征的多神信仰，以释比为代表的文化传承人，更有特色鲜明、博大精深的服饰文化。但与其他少数民族文化面临的问题一样，年轻一代着民族服饰的时间越来越少（表演等特殊场合除外），令人为羌族服饰这一彰显民族特质的文化前景担忧。也因此，这本书具有了抢救性、保护性的价值。

在本书中，我们力图将羌族服饰文化研究放到历史与环境的大背景中进行。为尊重羌族服饰文化的多样性，充分体现鲜明的地域性特点，我们采用了对代表性村寨开展调查，全面展示每个村寨服饰细节特征的呈现方式，以利于读者既能够了解羌族服饰的整体状况，更能够观察到羌族服饰细节的多样性和丰富性。特别是类似黑虎寨这样的村落，其服饰文化深深地打上了历史、民间传说的烙印，这种穿在身上的文化让人过目难忘。与此同时，我们也尽可能扩展了服饰研究的领域，将研究延伸到了历史的发展、手工业和农牧业发展水平、对民族关系的研究等方面。因此，可以自豪地说，本书是当代民俗文化学者的研究视野和最新的田野调查成果相辅相成的产物。

《羌族服饰文化图志》汇聚了省内一大批专家共同完成。我们从近4000幅图片中选出代表性的400余幅，除标明作者的外，其余为项目组成员、摄影师邓风拍摄，正文文字部分由四川省民族研究所耿静副研究员撰写。四川省民协全程主持每一次田野考察和编纂、审稿工作。从启动到跨入2014年的今天，五年零四个月过去了。可以说，每一幅图片，每一个文字，都凝聚着我们工作组所有成员的汗水和心血，汇集了从中国民协领导到省文联党组领导的集体智慧，当然还少不了四川阿坝州相关部门和甘孜州文联的协助，以及调研对象的配合。必须要提及的还有以下单位：四川省博物馆、四川省民族研究所、西南民族大学博物馆、汶川县文联和文广新局、茂县文广新局、茂县中国羌族博物馆、松潘县文广新局、理县文广新局、北川县文广新局、丹巴县文广新局、丹巴县太平乡政府等，这里，请允许我代表项目组全体成员，向以上提到并所有关心、保护、传承羌族文化的人们表示诚挚的感谢！另外，还想以此书告慰过逝的著名羌族文化研究专家李绍明先生。

然而，受当时抢救的紧迫和经费的限制，没能同步配上摄像；没有全部走完四川的羌族村寨及陕西宁强县和贵州的石阡、江口两县（2000年统计为1431人）羌族村寨，留下了些许的遗憾。

李绍明先生参与该书规划

即便如此，在众多研究羌族文化的书中，这部书到目前为止可以称作以田野调查为基础，研究羌族服饰文化的集大成者。为人们从服装、饰品，换言之，从视觉所及的各式头帕到脚上的云云鞋，从随身佩戴的羌笛到释比的法器，开启了解读古老而卓越的羌族文化的又一扇新的窗口。

孟 燕

甲午岁首于蓉城